JN086950

自宅で楽しむバードライフ

Enjoy
birdlife
at home

つくろう、人と鳥の憩いの場

藤井幹
Takashi Fujii

文一総合出版

庭に鳥がいるうれしさ
ベランダに鳥が来る楽しさ
読んで、観て、愛でる
自宅バードライフ

自宅にいながら野鳥観察

自然豊かな場所に出かければいろいろな鳥たちが出迎えてくれます。その姿に癒しを求め、時間をつくっては鳥たちに会いに出かける方も少なくないかもしれません。しかし、鳥は街の中にもいます。むしろ限られた緑地しかない街中では、鳥たちが小さな緑地に集まってくるので見かけるチャンスも多いでしょう。そして、街の鳥たちはオアシスを求めています。そんな鳥たちを皆さんのお庭やベランダ、バルコニーに呼ぶことができれば、私たちは自宅に居ながら癒しを得ることができ、鳥たちも生活の拠点となるオアシスを得ることができます。

鳥たちに庭やバルコニーに来てもらうにはどうしたらよいか。この本では、これから鳥たちに来てもらう方法や楽しさを紹介していきます。やること自体はそんなに難しいものではありません。できることからやってみてください。私の実家では、朝スズメが窓ガラスをつついて餌出しを要求していたのが懐かしく思い出されます。窓をあければ逃げて距離をとるので懐いているわけではなく、図々しい奴らだと思いながらも可愛くて仕方ありませんでした。朝は鳥の声で目が覚め、部屋から鳥たちが飛び交っているのを観察し、いつも来る鳥には愛着がわき、見たことがない鳥が来れば興奮しながら鳥の名前を調べる。そんな充実した毎日が、みなさんを待っています。同じ生活空間で、鳥たちと一緒に暮らす。そんな夢のような日常をおくってみませんか?

目次

野鳥と季節について

　季節によって見られる鳥は変わります。一年中見られる鳥もいれば、南方から飛来し、国内で子育てをして、また帰っていく鳥(夏鳥)、北方から飛来して国内で越冬する渡り鳥もいます(冬鳥)。

　シジュウカラやヤマガラは庭で子育てすることもあります。彼らにとって春は繁殖の季節です。

　冬のうちに子育てする樹洞(じゅどう)や巣箱に目星をつけ、春先から巣材を運び、巣づくりして、産卵します。カラ類の場合、孵化(ふか)から約2〜3週間で幼鳥が巣立ちます。条件がよければ、5〜6月に2回目の繁殖をします。この間、親鳥は協力して餌を運んで子育てをします。

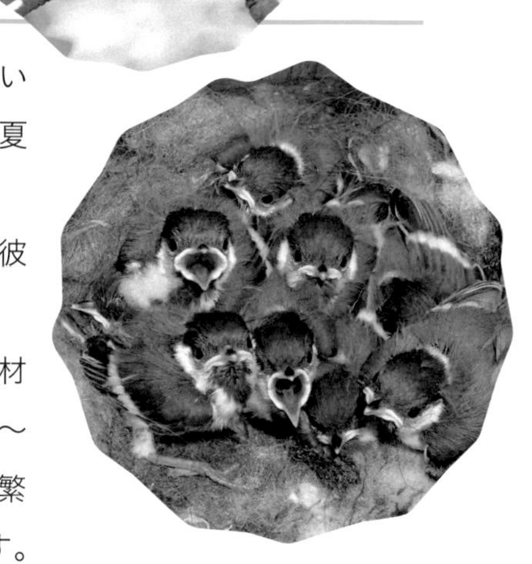

	1月	2月	3月	4月	5月	6月	7月	8月	9月	10月	11月	12月
留鳥の繁殖期※	巣探し		子育て1回目		子育て2回目							
夏鳥			庭に来る		繁殖地で子育てしている				庭に来る			
冬鳥	庭に来る									庭に来る		

※巣箱で子育てするカラ類などの一部の留鳥について

夏鳥

　繁殖のために南方から日本に渡ってくる鳥たち。毎年3〜4月頃に飛来し、9〜10月頃になると越冬のため再び南方へと渡っていきます。多くの種は自然豊かな場所で繁殖しますが、春・秋の渡りの途中で庭にやってくることもあります。

冬鳥

　北方や大陸から日本に渡ってくる鳥たち。毎年10月頃から飛来し始めます。多くの種は低地で越冬し、ジョウビタキやツグミなどは住宅地のまわりで越冬する種もいます。2〜3月頃には繁殖地に帰って行きますが、ツグミやシメは5月まで残る個体もいます。

留鳥・漂鳥

　メジロやシジュウカラなど同じ地域に通年生息している鳥のことです。これに対してルリビタキやアオジなど国内で季節移動する種類は漂鳥と呼ばれています。

庭に来る野鳥図鑑

全国の市街地で一般的に見られる鳥を中心に27種の野鳥を紹介します。

留鳥

シジュウカラ

全長 15cm

季節・分布　留鳥で、全国に分布（小笠原諸島を除く）。山地から住宅地周辺まで広く生息する。庭にも一年中飛来し、巣箱をかければ利用する。

特徴　黒と白の模様で、背は緑色がかる。胸から腹にかけてのネクタイのような黒い模様が特徴で、メスよりオスのほうが黒色部分が広く、とくに下腹部で広くなる。樹上からやぶの中、地面まで広く利用。地上ではホッピング（跳ねて移動）する。ツピツピ、ジュクジュクなどよく鳴く。

食べ物　昆虫やクモなど動物食主体で、木の実も食べる雑食性だが、餌台ではヒマワリのタネを好む。

留鳥

ヤマガラ

全長 14cm

季節・分布　留鳥で、全国に分布（小笠原諸島を除く）。もともと山地の常緑樹林のような少し暗めの環境を好んでいたが、近年では都市公園や住宅地にも飛来するようになった。庭にも一年中飛来するが、冬の方が見る機会は多い。

特徴　橙色と灰色が特徴的な鳥。樹上からやぶの中、地面まで広く利用し、地上ではホッピングする。ビビビ、ニーニーニーなどと鳴く。

食べ物　昆虫やクモ、木の実を食べる雑食性だが、餌台ではヒマワリのタネを好む。秋にはエゴノキの実をよく食べる。

留鳥

スズメ

全長 15cm

季節・分布　留鳥で、全国に分布（小笠原諸島を除く）。人が暮らしている場所を中心に生活している。庭にも一年中飛来し、巣箱をかければ利用する。

特徴　頭が大きめで、首は短くずんぐりした印象を受ける。全体の色と頬の黒い斑が特徴だが、巣立ったばかりの幼鳥では黒斑はまだ出ていない。樹上から地面まで広く利用し、地面ではホッピングする。チュンチュンと鳴く。

食べ物　雑食性で、タネや穀物を好む。餌台ではアワやヒエ、米など一般的な小鳥用の餌を食べる。果物は食べない。サクラの蜜を好み、花を根元からむしりとってなめる。

留鳥

メジロ

全長 12cm

季節・分布 全国に分布する留鳥。山地から住宅地周辺まで広く生息する。庭にも一年中飛来する。

特徴 スズメよりも小さく、くちばしは細い。頭から背、尾羽にかけて緑色で、喉は黄色。目のまわりには和名の由来である白色の縁取りがある。やぶの中や樹上を移動し、あまり地面には降りないが、地上ではホッピングする。チー、チー、チュルチュルチュルなどと鳴く。

食べ物 雑食性だが、果物、花蜜を好み、ツバキやウメ、サクラの花によく来る。餌台ではミカンなどの水分が多い果物を好んで食べる。カキノキの実も好むが、自分で皮を破ることは少なく、実が熟してできた裂け目やほかの鳥がつついた部分に寄って来る。

留鳥

エナガ

全長 14cm

季節・分布 九州以北で留鳥。以前は都市部で見られることは少なかったが、近年は都内でも普通に見られるようになり、繁殖もしている。北海道では亜種（P.103）シマエナガが大人気。

特徴 尾羽が長いのが和名の由来で、体の大きさだけでは国内最小級。チリリ ジュリ、ジュリなどと鳴き、繁殖の最中でなければ集団でいることが多い。

食べ物 動物食主体の雑食性で、庭では昆虫やクモなどの小動物を探していることが多いが、バードケーキ（P.43）も食べる。

留鳥　夏鳥

カワラヒワ

全長 14cm

季節・分布 全国に分布し、本州以南では留鳥で、北海道では夏鳥。山地から住宅地周辺まで広く生息する。

特徴 スズメと同大で、全身が茶系色であるため目立たないが、翼や尾羽には黄色い模様があり、飛翔中に際立つ。くちばしが太く、尾羽の先端がはっきり分かれているシルエットも特徴的。樹上に巣をつくり、庭木にも営巣する。地上ではホッピングする。キリリ、コロコロなどと鳴く。

食べ物 植物のタネが主食で、木の枝や草地の植物につかまってタネを食べるほか、地面にも降りて採食する。餌台ではヒマワリのタネを好んで食べる。

留鳥

ウグイス

全長　オス16cm／メス14cm（ばらつきがある）

季節・分布　東北以南で留鳥。山地や里のやぶを好み、庭に来るのは冬季か春先が多い。春先には移動中のオスが庭でさえずることもある。

特徴　くちばしは細く尾が長い。ほとんどやぶにいるので、姿を見ることが難しい。ジャッ、ジャッと特徴のある声で鳴きながら移動するので、声を覚えれば存在に気づける。また、オスはさえずるときに樹上に出てくる。あまり地面には降りないが、地上で採食するときはホッピングする。

食べ物　おもに動物食で、バードケーキにもやってくる。

留鳥

コゲラ

全長　15cm

季節・分布　全国に分布する留鳥。山地から住宅地周辺まで広く生息し、樹木に巣穴を掘るキツツキのなかま。住宅地では、ヘビやカラスなどが近寄りにくい人通りがある場所にあえて営巣することもある。

特徴　キツツキのなかまでは国内最小。木の側面を上ったり下りたりするので、見分けるのも容易。地面に降りることはほとんどないが、降りたときにはホッピングする。ビー、ビー、ビーと鳴く。

食べ物　雑食性だが、餌台に置いたアワやヒエ、ヒマワリのタネ、ミカンやリンゴなどの果物にはほとんど来ない。一方、バードケーキのように油分があるものは好んで食べる。

留鳥　冬鳥

ムクドリ

全長　24cm

季節・分布　九州以北では留鳥。南西諸島では冬鳥。山地や平地、河川敷、農耕地、住宅地に生息する。

特徴　ヒヨドリ（P.10）より少し小さく、尾羽が短い。飛翔時などに腰の白色部が目立つ。全体的に黒色や灰色など暗い色が中心だが、頬が白く、くちばしと足は黄色い。樹上から地面まで広く利用し、地上ではおもにウォーキングし、ホッピングを織り交ぜる。樹洞に巣をつくるほか、家の排気口や雨戸の戸袋などでも子育てする。大きなものであれば巣箱も利用する。キュルルと鳴く。

食べ物　雑食性で、餌台ではカキやリンゴを好んで食べるが、ミカンなどの柑橘類は食べない。

留鳥

イソヒヨドリ

♂

全長 25cm

♀

季節・分布 全国に分布する留鳥。名前に「イソ」がついているように以前は海岸沿いがおもな生息域であったが、近年は分布が内陸に広がり、市街地の建物などを生息地としている（P.17）。

特徴 オスは全身が青色で、腹部が橙色なのでわかりやすい。メスはオスのような目立った羽色ではないが、ほかの鳥よりも、うろこ模様が目立つ。

食べ物 雑食性で、庭では昆虫や木の実を食べるが、餌台のパンくずや果物、バードケーキなども幅広く食べる。

留鳥 夏鳥

ヒヨドリ

全長 28cm

季節・分布 東北以南では留鳥であるが、北海道では夏鳥で、秋に大きな群れで渡る。山地や平地、住宅地に広く生息する。

特徴 大きさはキジバト（下）に近いが、体もくちばしも細く体や尾羽が長めのシルエットなので識別は容易だ。ヒーヨ、ヒーヨなどとよく鳴くので、鳴き声も識別点となる。おもに樹上で生活するが、地面に降りたときはホッピングする。

食べ物 雑食性で、木の実や果物、花蜜を好み、ツバキやウメ、サクラの花によく飛来する。餌台ではミカンなどの水分が多い果物を好んで食べる。

留鳥 夏鳥

キジバト

全長 33cm

季節・分布 全国に分布する留鳥で、北海道では夏鳥。山地から住宅地周辺まで広く生息する。

特徴 体の大きさに対して小顔なシルエットが特徴。翼には茶色いうろこ模様があり、首筋にはキジ模様がある。地面ではウォーキングし、足の動きに合わせて頭を前後に振る。デッデッポーポーと鳴く。

食べ物 基本的にハトのなかまは植物食である。餌台では、アワやヒエ、米など一般的な小鳥用の餌を食べる。砂嚢（さのう）の消化を助けるため、時おり砂利も飲み込む。

留鳥

オナガ

全長 37cm

季節・分布 留鳥。古くは全国的に分布していたようだが、一時関東周辺に分布が限られ、現在はまた分布が広がって、中部地方から東北地方にかけて見られるようになった。

特徴 尾羽がかなり長く、シルエットでも識別できる。頭部は帽子をかぶったように黒く、翼と尾羽が水色。フワフワとした感じで、ゆっくり羽ばたきながら飛ぶことが多い。樹上を利用することが多いが、食べ物を求めて地面にも降りてくる。地上ではホッピングする。ゲーゲッゲッゲッゲッと鳴く。

食べ物 雑食性で、餌台では果物を食べることが多い。

留鳥

ハシボソガラス

全長 50cm

季節・分布 九州地方以北で一年中見ることができる留鳥。農耕地から住宅地まで生息する。近年ではハシブトガラスと同様にゴミの集積場を荒らすようすが見られるようになったが、もともとは耕作地に多い鳥である。

特徴 ハシブトガラス（下）に似るが、くちばしの太さが異なる。樹上から地面まで広く利用し、地面ではウォーキングが多い。対して、ハシブトガラスはおもにホッピング。

食べ物 ハシブトガラスと同じく雑食で何でも食べるが、ハシブトガラスと比べると餌台に来ることは少ない。

留鳥

ハシブトガラス

全長 57cm

季節・分布 全国に分布する留鳥。山地から住宅地まで広く生息する。

特徴 遠目には全身黒色だが、近くで見ると青色の光沢がある。ハシボソガラス（上）に似るが、くちばしがより太く、上のくちばしの湾曲が顕著。樹上から地面まで広く利用し、地面ではおもにホッピングする（ハシボソガラスはおもにウォーキング）。

食べ物 雑食性で、餌台ではミカンやリンゴなどをもっていかれることがある。住宅地や繁華街でゴミの集積場を荒らすこともあるが、もともとは山地などで動物の死体などを食べる掃除屋の役割も。

冬鳥

ジョウビタキ

♂
♀

全長　15cm

季節・分布　冬鳥だが、近年では国内で繁殖する個体も増えてきた。山地から住宅地周辺まで広く生息する。

特徴　オスは頭上が銀白で、胸から腹にかけてはオレンジ色。メスは地味な色合いだが、雌雄ともにある特徴的な背の白斑から「紋付（もんつき）」とも呼ばれる。くちばしは細い。ヒッ、ヒッと鳴きながら、小刻みに尾を振るわせる。樹上から地面まで広く利用し、地上ではホッピングする。

食べ物　雑食性で、餌台ではバードケーキなどを食べるが、庭で昆虫などを探していることが多い。

漂鳥　夏鳥

ルリビタキ

♂
♀

全長　15cm

季節・分布　山地で繁殖し、冬になると低地に移動する漂鳥。北海道では夏鳥。茂った林を好むので、緑地の少ない住宅地だと庭に来ることは少ない。

特徴　オスの成鳥は頭部から尾羽にかけて青色だが、その状態になるまでに３年かかる。メスやオスの若い個体は、尾羽から腰にかけてだけが青い。雌雄ともに脇は橙黄色。ヒッ、ヒッと鳴きながら、リズミカルに尾を上下に振るのが特徴。樹上からやぶの中、地面まで広く利用し、地上ではホッピングする。

食べ物　昆虫や木の実を食べる雑食性で、バードケーキも食べる。

漂鳥　夏鳥

アオジ

全長　16cm

季節・分布　夏季は本州中部以北の標高の高いところで繁殖する。冬は平地に降りて来る漂鳥であるが、海外から渡って来るものもいる。北海道では夏鳥。冬季は住宅地周辺にも飛来するが、やぶを好むため、開けた庭だとあまり飛来しない。

特徴　頭部から胸部、腹部にかけて黄色や黄緑色であるため、色が見えれば識別は可能だ。冬季はほとんど草地ややぶの中の地面で採食しており、地上ではホッピングとウォーキングを織り交ぜて移動する。チッやジッと鳴く。

食べ物　雑食性だが、餌台ではアワやヒエを食べる。

冬鳥　夏鳥

シメ

全長 18cm

季節・分布　本州以南ではおもに冬鳥、北海道では夏鳥である。平地から山地に分布し、森林や森林周辺の農耕地や草地、公園に生息する。

特徴　太いくちばしと目のまわりの黒色が特徴的。イカルもくちばしは太いが全身灰色でくちばしは黄色いので見分けられる。樹上や地上で採食し、地上ではホッピングする。チッと鋭く鳴く。

食べ物　かたい木の実を大きなくちばしで割って食べる。餌台では、ヒマワリのタネを食べることが多い。

冬鳥

ヒレンジャク

全長 18cm

季節・分布　冬鳥。中部から関東にかけては、2～3月頃に飛来することが多い。本州以南に北海道経由で渡来するグループと、西から渡来するグループがあり、本種は前者が多い傾向にある。食べ物がなくなると、新たな食べ物を求めて移動する。

特徴　キレンジャク（下）に似るがやや小さく、過眼線の黒が後頭のとさかのような冠羽まで達し、翼に赤や水色の部分があるのも異なる。尾羽の先端は緋色。チリリ、チリリやヒー、ヒーと鳴く。

食べ物　ヤドリギなどの植物の実を食べる。餌台にはリンゴを求めて飛来する。集団で飛来して食べつくしてしまうほどの大食漢である。

冬鳥

キレンジャク

全長 20cm

季節・分布　全国に飛来する冬鳥。本州以南に北海道経由で渡来するグループと、西から渡来するグループがあり、本種は後者が多い傾向にある。ヒレンジャク（上）と行動を共にすることが多い。食べ物がなくなると、新たな食べ物を求めて移動する。

特徴　ほんのり赤みのある顔に黒く太い過眼線があり、後頭の冠羽がとさかのように突出する。翼や尾羽に見られる黄色や赤い羽色が特徴的。尾羽の先端は黄色。チリリ、チリリと鳴く。

食べ物　ヤドリギなどの植物の実を食べる。餌台にはリンゴを求めて飛来する。集団で飛来して食べつくしてしまうほどの大食漢である。

冬鳥

ツグミ

全長 24cm

季節・分布　冬鳥。初冬は山地に多く、木の実がなくなってくると住宅地周辺の公園や農耕地などで見られるようになる。

特徴　全身が茶色っぽいが、模様は個体差も大きい。樹上から地面まで広く利用し、地上ではウォーキングとホッピングを織り交ぜ、少し進んでは背を伸ばして動きをとめることをくり返すため、「だるまさんが転んだ」を連想させる。クェックェッと鳴く。

食べ物　昆虫や木の実を食べる雑食性で、庭では地面で食べ物を探していることが多いが、バードケーキも食べる。

冬鳥

シロハラ

全長 25cm

季節・分布　全国に飛来する冬鳥だが、北海道では旅鳥。山地から平地まで広く生息する。

特徴　体全体は地味な色合いで、尾羽の先端に白斑があるのが特徴。飛び立つときにこの白斑が目立つ。樹上から地面まで広く利用するが、地面で食べ物を探していることが多い。地上ではウォーキングとホッピングを織り交ぜる。ツグミ（上）が開けた場所も好むのに対し、林縁や暗い場所を好む。キョキョやツィーと鳴く。

食べ物　雑食性で、庭では地面で昆虫などを探していることが多いが、バードケーキも食べる。

漂鳥

アカハラ

全長 24cm

季節・分布　夏季は本州中部以北の高地で繁殖し、冬季は本州以南の暖地に降りて越冬する漂鳥だが、海外から渡って来るものもいる。

特徴　体はヒヨドリほどの大きさだが、尾羽が短い。名前の通り、胸から腹部にかけての朱色が特徴である。ツグミ（上）やシロハラ（上）と大きさや体形は似るが、羽色が異なる。樹上から地面まで広く利用する。地上ではウォーキングとホッピングを織り交ぜる。キョキョやツィーと鳴く。

食べ物　昆虫や木の実を食べる雑食性で、庭では地面で食べ物を探していることが多いが、バードケーキも食べる。

外来種

カワラバト（ドバト）

全長 33cm

季節・分布 伝書鳩として家禽化された種が野生化した。全国に分布する留鳥となっている（小笠原諸島を除く）。

特徴 レースバトとして品種改良されたものもいるため、大きさはまちまち。色や模様もいろいろなパターンがある。シルエットや動きの特徴はキジバトと似る。開けた空間を好み、公園など人が集まる場所で見かけることが多い。

食べ物 おもに穀類を食べる。餌台では、パンや穀類、植物のタネにやってくる。群れるため、たくさん集めてしまうとトラブルになりかねないので注意。

外来種

ガビチョウ

全長 25cm

季節・分布 中国から持ち込まれた外来種。本州、四国、九州の里地から住宅地まで広く分布。定着している場所では留鳥。

特徴 体全体の赤みのある黄土色と、名前の由来（画眉鳥）となった目のまわりの白い縁取りが特徴的。大きな声でにぎやかによくさえずるので、野外では目立つ。冬でもさえずる。さえずるときは樹上まで出てくるが、ふだんはやぶの中にいることが多い。地上ではホッピングする。

食べ物 雑食性だが、餌台ではヒマワリのタネなどを食べる。

外来種

ワカケホンセイインコ

全長 40cm

季節・分布 本来はインドやスリランカなどに分布する外来種。日本では1960年代後半にペットとして大量に持ち込まれ、野外に逃げ出したとされている。逃げ出した当初は各地で記録があったが、現在生息するのは東京都、神奈川県、埼玉県、千葉県、群馬県である。

特徴 全身緑色で尾羽が長く、くちばしが赤い。「キュア、キュアッ」と大きな声で飛びながら鳴く。もともと日本にはインコのなかまはいないので、見間違うことはない。

食べ物 植物食で、餌台ではヒマワリのタネ、アワ、ヒエ、米、リンゴなど幅広く食べる。＊p50にて詳しく解説

コラム

都市鳥の変化

都市の緑化によって戻ってきた

都市部で見られる鳥の種類は年々変化しています。第二次大戦後の荒廃した都市部では、鳥類が激減しました。その後、復興するなかで都市公園や街路樹、各家の庭で緑が増えていきました。山地と都市部をつなぐ回廊ができ始め、山地から徐々に鳥たちがこの回廊を伝って戻ってきたと考えられます。東京都にある明治神宮は1920年に創建されましたが、全国から10万本の木々が奉献され、戦後も生き延びた木々が成長して現在の森とも呼べる緑地が形成されました。その森では都市部にも関わらず、ヤマガラやキビタキが繁殖するようになっています。都市部の緑地環境が育ってきたことでいろいろな野鳥が入ってきましたが、近年では、エナガやオオタカも見られるようになりました。

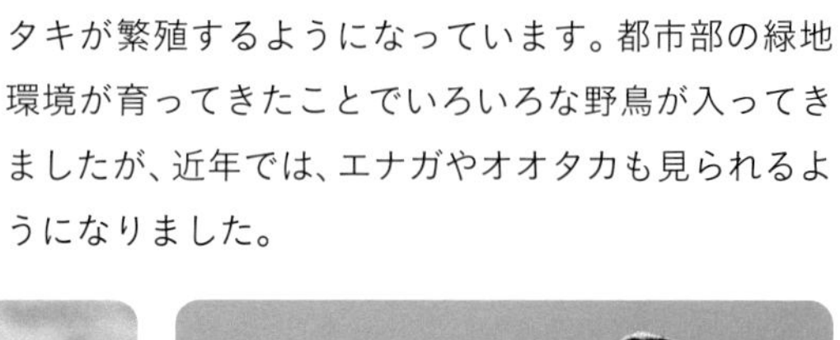

巣材となる羽根を拾う都市公園のエナガ

巣材となる枝を運ぶ都市部のオオタカ

原因は地球温暖化？

緑地環境の変化とは別に、地球温暖化の影響とも考えられる鳥類の分布の変化も忘れてはなりません。リュウキュウサンショウクイはもともと南西諸島に生息していましたが年々分布を広げ、現在では関東各地の緑地で越冬するようになり、神奈川県では繁殖が確認されています。地球温暖化の影響かどうかはわかりませんが、今後、分布はどんどん広がっていくことでしょう。

最近、関東近県でもよく見かけるリュウキュウサンショウクイ

ビルを崖に見立てて

ハヤブサやチョウゲンボウ、イソヒヨドリなど、本来は崖地で営巣するような鳥も都市部に進出し、ビルや橋などの建造物を崖に見立てて営巣するようになりました。

私の家の前では大きな倉庫でチョウゲンボウが繁殖し、玄関を開けるとイソヒヨドリが採食していたりします。1km先には河川もありますが、チョウゲンボウはそちらには飛んでいかないようです。イワツバメのコロニーのまわりを飛んでいるところを見たこともあります。畑もない住宅地でネズミは捕れそうもないので、鳥を主食にしているのでしょう。

イソヒヨドリはもともと海岸線に多く、近年になって川に沿って上流部に広がりました。そこからビルなどの建築物を崖に見立てて内陸部に進出してきたと思われます。ビルの上や駅のまわりでさえずっている姿も見かけます。神奈川県のある地域では、庭に当たり前に来るようになった鳥です。今後、都市部の鳥類相がどう変化するか、庭で鳥を招いていればその変化にいち早く気づくことができそうです。

都会を見下ろすチョウゲンボウ

建物に営巣するイワツバメ

ビルの上にいるイソヒヨドリ

鳥を招く庭仕事カレンダー

餌台や水場、巣箱など、鳥を招くためにできることはたくさんありますが、それぞれの作業には適した時期があります。作業カレンダーを見ながら説明していきましょう。

	1月	2月	3月	4月	5月	6月	7月	8月	9月	10月	11月	12月
庭仕事										巣箱をかける		
									巣箱の掃除			
			水場を作る					水場を作る				
										餌台を設ける		
	餌を出す時期										餌を出す時期	

	1月	2月	3月	4月	5月	6月	7月	8月	9月	10月	11月	12月
※ 留鳥の繁殖期	巣探し		子育て1回目		子育て2回目							
夏鳥			庭に来る		繁殖地で子育てしている				庭に来る			
冬鳥	庭に来る									庭に来る		

※巣箱で子育てするカラ類などの一部の留鳥について

春　3〜5月

水場を作る

水場はいつ作っても構いません。しかし、水場は作ったらすぐ利用してくれるというものではないので、思い立ったらすぐ始めるとよいでしょう。善は急げです！　また、野鳥が特に必要としそうな時期は、暑い夏場や餌を食べて喉が渇きそうな秋から冬でしょうか。そう考えていくと、春に始めるとちょうどいいかもしれません。

夏　6〜8月

休憩

一部の常緑樹は6〜7月に植えることが望ましいですが、特別この時期にやらなければいけないことはありません。最近の夏はすさまじく暑いので、野外に長時間いることにはリスクが伴います。庭仕事は極力控えたほうがいいかもしれません。

秋　9〜11月

餌台を設ける

実際に餌を出すのは冬季に限定するべきですが、大掛かりな餌台などを設置する場合は、秋のうちに作っておくとよいでしょう。新しく設置すると初めのうちは鳥も警戒しますが、時間が経つと慣れてきます。冬に向けて慣らしの期間があるといいかもしれません。

巣箱の掃除

巣箱はお手入れも必要です。シジュウカラなどが使った後の巣箱はダニなども多いので、繁殖が終わったら中身を捨てて掃除しましょう。

冬　12〜2月

餌を出す

私たちが餌を与えるのは、野鳥が食べるものに困っているときです。時期は、自然界から虫たちが姿を見せなくなり、木の実も減っていく冬の間です。秋も終わりになる11月下旬くらいから、虫たちが行動を始める3月下旬くらいまでの自然界に食べ物が少なくなった時期に限りましょう。

巣箱をかける

鳥が子育てを始めるのは春からですが、よい物件を探して品定めしたり、寝床に使ってみたりと冬の間から庭にやってきています。巣箱は12月に入ってからの設置がよいと思います。その後、遅くても1月中にはかけておきたいですね。

庭の危険生物に注意

庭で作業するのが楽しくなってくると、忘れがちなことがあります。それは、庭にはさまざまな生き物が暮らしているということ。なかには人間に害を及ぼすものもいます。作業を楽しく安全に行うためにも、知識として覚えておきましょう。

スズメバチ・アシナガバチ

発生時期　4〜11月

キアシナガバチ

日本ではどこにでもいるハチですが、攻撃性が高く、毎年被害が後を絶ちません。とくにアシナガバチの巣は小さく、枝葉など気づきにくい場所に巣をつくることがあるので、知らずに剪定していて刺されたというケースが多いと聞きます。庭の手入れをするときは、巣がないか確認するようにしましょう。とくに秋には巣が大きくなり、ハチの攻撃性も高くなるので要注意です。

ヨコヅナサシガメ

発生時期　4〜10月

サクラやケヤキなどの高木につきますが、6〜7月頃には木の下のほうに降りてきます。積極的に攻撃してくることはありませんが、誤って触ると身を守るために刺すことがあります。刺されると痛みとかゆみを生じるので、不用意に触ったりしないように注意しましょう。

ムカデ類

発生時期　3〜12月

アオズムカデ

頭部にある大顎のような顎肢（がくし）に毒があります。攻撃性はなく、触らなければ大丈夫ですが、誤って触ってしまい刺されると強烈な痛みを生じます。古い木造の家では、部屋の中にも入ってきます。庭では石の下や落ち葉の下など、見えない場所に潜んでいることがあるので、落ち葉を不用意に触らないようにしましょう。

イラガ類の幼虫

発生時期 | 7〜9月

イラガ類の幼虫

イラガ類の幼虫

コナラやカキノキなど、さまざまな広葉樹につきます。刺されると電流が走ったような強烈な痛みを生じます。見つけても触らないようにしましょう。

チャドクガ類の幼虫

発生時期 | 4〜6月、8〜9月

チャドクガ類の幼虫

ツバキやサザンカなどの葉につき、幼虫だけでなく卵や成虫も毒針毛(どくしんもう)をもちます。毒針毛は約0.1mmと、肉眼ではほぼ見えません。皮膚に刺さると、かぶれたような症状になり、患部をはたいたりかきむしったりすると、症状が広がってしまいます。まずはセロハンテープなどを患部にあてて、毒針をはがしとり、強めの流水で洗うとよいです。なお、幼虫を刺激すると毒針毛をまき散らす可能性があるので、駆除には十分注意しましょう。慣れない人はお住まいの市区町村の関係機関に相談してみましょう。

安全な服装で対策を！

葉が茂る季節、庭を手入れする際に、知らないうちにハチが巣をつくっていたのに気づかず近づき、刺されてしまったという話は少なくありません。特に夏から秋にかけては注意が必要です。頭は帽子をかぶって保護し、手袋をしたり首にタオルを巻いたり、できるだけ露出をなくすようにしましょう。また、蚊が多い場所では蚊取り線香や虫よけスプレーなどを準備しておくといいと思います。

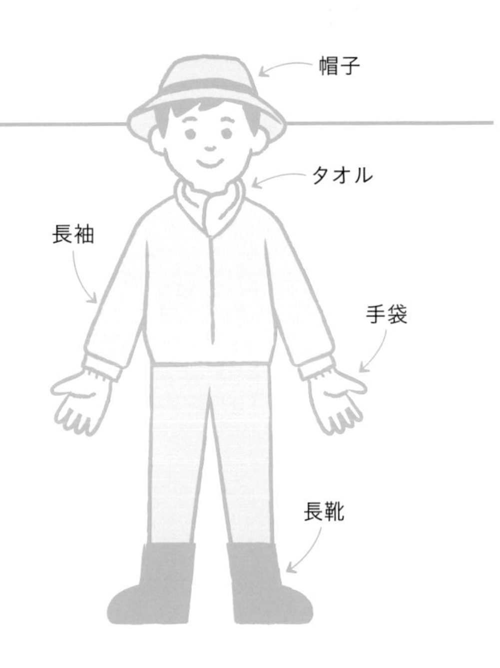

こんな鳥も来るかも！？ レアな鳥たち

夏鳥は渡りの中継地として市街地にも一時的に飛来します。また、P17の通り一部の猛禽類は都市部にも暮らしています。庭にもやってくるかもしれません。ここでは、もしかしたら見られるかもしれないレアな鳥たちを紹介します。

キビタキ

夏鳥で、渡りの時期に市街地も通過します。特に秋によく見られますが、黄色くて美しいのは成鳥オスだけのため、黄色いキビタキを見つけたらラッキーです！

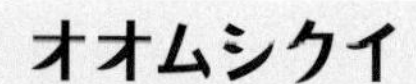

オオムシクイ

本州は旅鳥で、渡りの時期に市街地も通過します。ジュジュリ、ジュジュリという声が聞こえたら探してみましょう。特に秋は多く、庭を通過している可能性があります。

ニシオジロビタキ

市街地でも目撃例が出ているまれな冬鳥。レア中のレアといってもいいでしょう。しかし、いないと思いこんでいると絶対見つかりません。いずれ現れるかもしれないと信じて待ちましょう。

センダイムシクイ

夏鳥で、渡りの時期に市街地の緑地も通過します。頭頂部に線があるかないかがポイントですが、ほかのムシクイ類との識別は至難の業。しかし、めげずにチャレンジしましょう！

イカル

山間部では普通に見られる鳥で冬は市街地周辺でも緑地があれば見られます。市街地では、餌台に来ることはあまりありませんが、来るときは集団で来ることが多いので、とてもにぎわいます。

ツミ

市街地でも繁殖する小型のタカ。獲物である小鳥がいれば、それを狙って来るかもしれません。オスはヒヨドリ大、メスはキジバト大です。いつかは来るかも？ という心構えでいましょう。

モズ

留鳥で、農耕地や空き地などがある場所に生息しています。小動物を狙って庭にやってくることがあります。獲物を枝などに串刺しにする「はやにえ」という習性があり、庭で見つかることも！？(P.68も参照)。

庭に鳥を呼ぶために できること

この本を手にしたあなたは、自分の庭やバルコニーにたくさんの鳥が集まっているようすを想像してワクワクしていることと思います。かといって、具体的に何をすればいいのか、何から始めればいいかもわからないですよね。それでは最初に、みなさんが自分の手でできることを紹介しましょう。

1 巣箱をかけよう

巣箱をかけると野鳥が子育てに活用してくれます。自宅の庭で新しい命が育ち、飛び立っていく。素敵なことだと思いませんか。では、巣箱をどのようにかければ、鳥たちが使ってくれるのでしょうか？

どんな鳥が巣箱を使うのか？

ひとくちに巣箱といっても、いろいろな種類があります。もっとも典型的なものは、上の写真のような巣箱でしょう。このような巣箱を利用するのは、おもに樹洞で子育てをする鳥たちです。国内では、シジュウカラやヒガラ、ヤマガラなどのカラ類を筆頭に、スズメ、ムクドリなどが樹洞を利用します。つまり、巣箱をかけて観察してみたい方は、これらの鳥たちをイメージしてみるとよいでしょう。

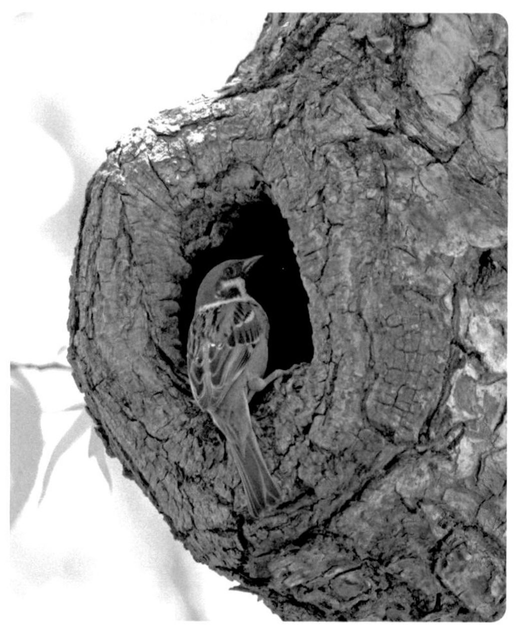

営巣場所として樹洞をチェックするスズメ

樹洞に営巣するシジュウカラ

都市部の鳥の住宅事情

樹洞は、樹木の成長やキツツキ類が巣を掘ってできるものです。都市部では、神社や屋敷林などの巨木で樹洞を見かけることはあるものの、公園樹や街路樹には少ないのが現状です。鳥たちは住宅難の中で生活しているわけです。しかし、そこはたくましく生きるもので、樹洞の代わりに建造物にできた空間を見つけ、営巣場所として利用しています。

そうはいっても、住宅難であることに変わりはありません。一見、緑豊かに見える郊外の緑地でも、よく見ると樹洞ができるほどの巨木はまれです。彼らが営巣できるように、庭に巣箱を設置してあげましょう。

ここはどう?

ここもあり?

こんなところで営巣したみたい!

樹洞ができるような
大木が育つには
長い年月がかかります。
巣箱をかければ、
鳥の助けになるのです!

どんな巣箱がいいか？

鳥の巣箱は市販されていて日本鳥類保護連盟や日本野鳥の会のウェブサイトから購入することができます。価格帯は3,000〜5,000円ほどです。シジュウカラやスズメのような市街地でも営巣する小鳥を対象にしたものが主流です。

巣箱の一例	
横	145mm
縦	170mm
奥行き	155mm
穴の直径	29mm
木材	杉材

日本鳥類保護連盟の巣箱。スギの間伐材を使用

巣箱は12月にかけよう！

シジュウカラなどは、冬の間から営巣できそうな場所をチェックしているので、巣箱は12月ごろにかけるとよいと思います。初夏も、繁殖に失敗した個体が2回目の繁殖をするために利用することもあります。

春に巣材となるコケを探すシジュウカラ

準備するもの

準備するものは、くくりつけるための紐、手袋、剪定鋏（せんていばさみ）（**右写真**）。紐は針金などかたい素材だと木の成長にともなって木を圧迫します。おすすめはシュロ縄ですが、劣化するので、年に1回交換しましょう。剪定鋏は紐を切るだけではなく、邪魔な枝を切ったりするのにも役立ちます。

巣箱をかける場所

- 基本的には木にかけますが、安定した支柱があればどこでも取り付けることができます。
- 天敵に地上から襲われにくくすることを考え、高さは地面から150cm以上がよく、高所にかける必要はありません。
- シジュウカラは巣箱の前に枝などの障害物があると嫌がるので、枝がある場合は剪定しましょう。

金属の支柱にかけた巣箱

雨どいにかけた巣箱

木にかけた巣箱

庭に設置された巣箱。テラスからすぐ見える位置にあります

巣箱をかけるときの６つのポイント

Point 1 雨水が入らないよう、入口が上を向かないようにする(**図1**)。

Point 2 くくりつける上下２か所の紐は、巣箱に対して垂直に巻く(**図2**)。

Point 3 くくるときは複数回巻く。

Point 4 紐は腕の力だけで締めず、体重を紐にしっかりかけて結ぶ。

Point 5 上を仮止めしてから下をしっかりと結び、それから上を締め直すという手順で、しっかり固定する。

Point 6 最後に巣箱を上から軽くたたくか、下に押すことで、紐がギュッと締まる。

巣箱を木にかけるようす

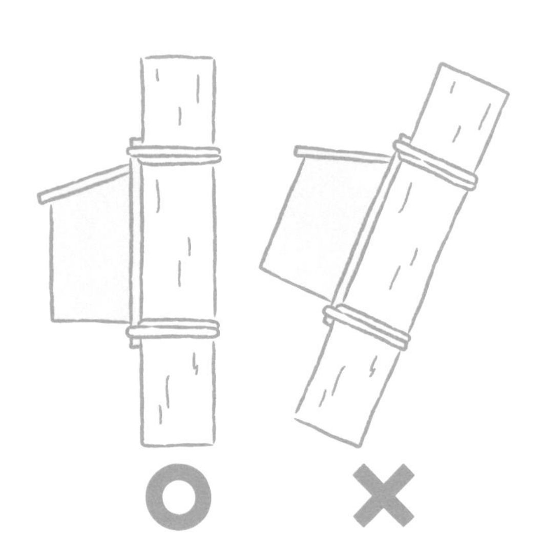

図1　入り口が上を向かないようにする

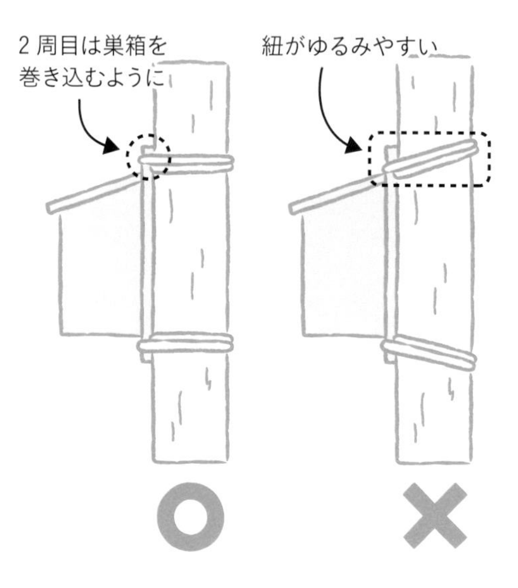
2周目は巣箱を
巻き込むように
紐がゆるみやすい

図2　紐がゆるまないようにする

巣箱を DIY してみよう

市販の巣箱を買うのもいいですが、DIYが好きな方は材料を買って自分で作るのもよいでしょう。スギの荒材などは安価でよいと思いますが、反りが少ないものを選ぶのがポイント。ここでは、一般的な1,820mmの木材を例に設計図を考えてみます。

材を切るときの注意点

材を切るときはノコギリの厚みだけ材も削られることになります。3mm程度の余裕ができるように設計しましょう。

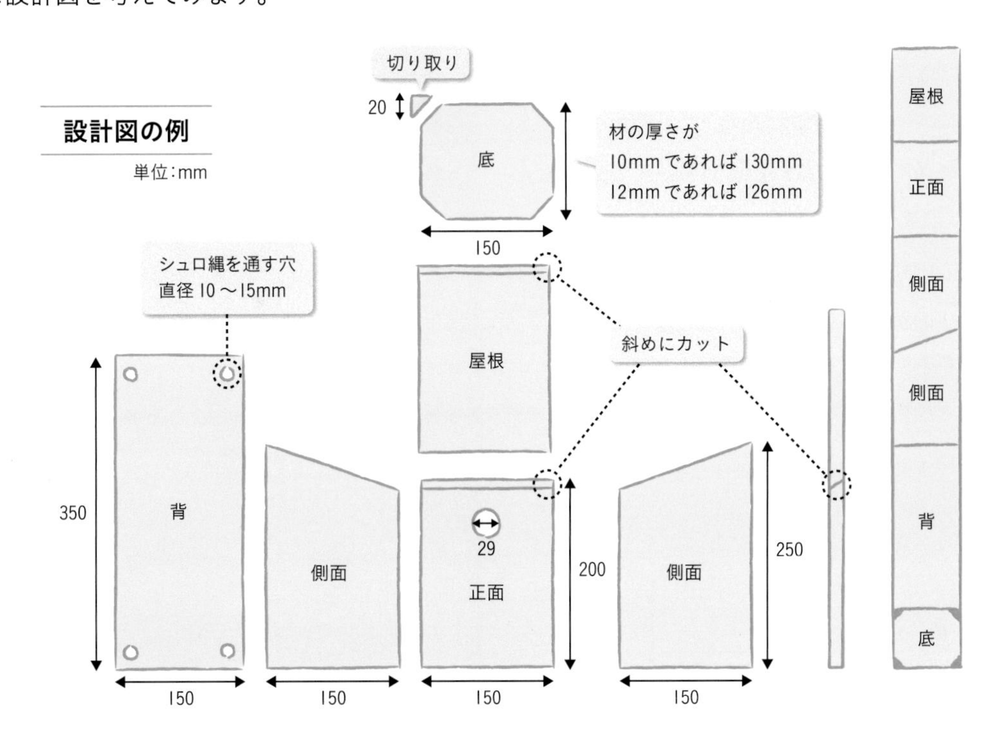

組み立て時の注意点

底板を下から打ち付けるような設計にしてしまうと、底が抜けてしまうことがあるので、横から打ち付けるようにしましょう（**右図**）。

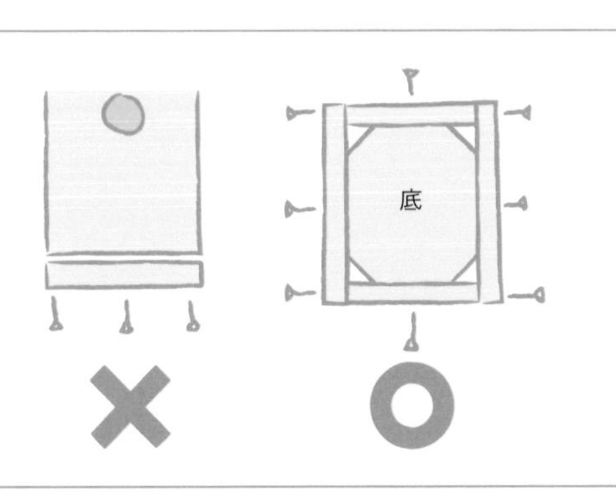

いろいろな巣箱

ほかにもユニークな形をした巣箱があります。これらはそれぞれの鳥がもつ習性に合わせた形をしています。セキレイやキビタキ、オオルリ、キバシリなどの習性にそった巣箱を紹介します。キバシリは山地に住む留鳥、キビタキやオオルリは主に山地に飛来する夏鳥ですが、里山や山間部にお住まいの方は、ぜひ参考にしてみてください。

セキレイの巣箱

セキレイは崖地のような場所、人工物の棚になった場所や室外機の下、建物の中の柱の上などいろいろな環境に巣をつくります。そのためセキレイ用の巣箱は仕様もいろいろですが、オオルリ用(**右**)の巣箱をもっとオープンにしたり、写真のようなちょっと変わったつくりの巣箱を用意してあげると利用してくれます。

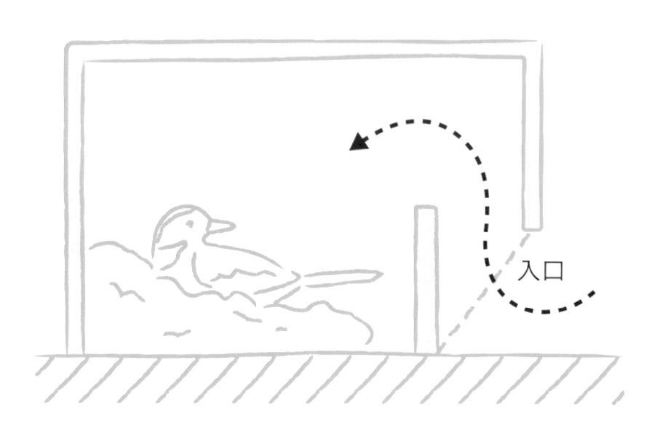

セキレイが営巣しているようす

セキレイ用の巣箱。入口が大きく開いている

オオルリの巣箱

オオルリは崖などにコケを集めて巣をつくりますが、山間部の公衆トイレの中など、人工物にもつくることがよくあります。巣箱も前をオープンにしたものを作ってあげると利用してくれます。キビタキも同じような巣箱を利用しますが、オオルリよりもせまい場所を利用するので、巣箱も細い方が好まれます。

オオルリが営巣しているようす

オオルリ用の巣箱。入口が開いている

キバシリの巣箱

キバシリは樹皮のすき間に巣をつくります。巣箱もかなり形が変わっていて、薄い形状で入口が横にあいています(**右図**)。キバシリは日本では標高の高い場所にすむ鳥なので、平地の住宅地では入りません。ただ、山間部の別荘などでは、巣箱に入ってくれるかもしれません。

キバシリ用の巣箱

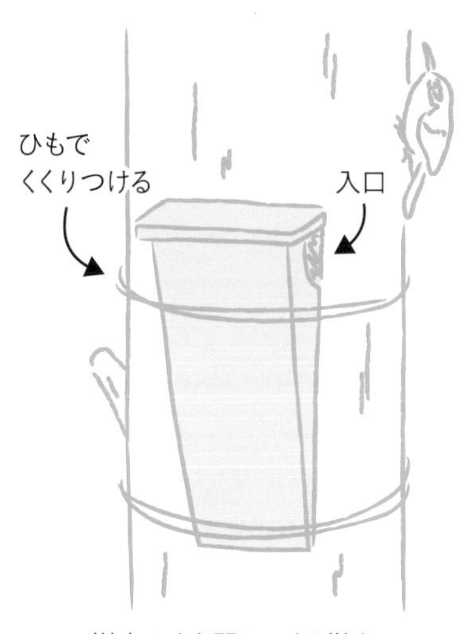

樹皮のすき間につくる巣を摸倣している

水場を作ろう

公園で野鳥を観察していると、ときどき水や砂を浴びている姿を見かけます。水浴びや砂浴びには、鳥の体を清潔にする効果があります。水場や砂場を設けることも鳥が来る庭のポイントになるでしょう。

鳥にとっての水浴び

鳥の体温は、42～43度と人間より高く、体温が著しく下がると死んでしまいます。羽毛には体温を保持する役割があり、羽毛が汚れたり、その構造が乱れたり、寄生虫にかじられたりすると、水を弾くことができなくなります。鳥たちは羽毛の構造を維持し、清潔に保つため、水浴びや羽づくろいを欠かしません。

羽毛の構造

右図はメジロの体の羽です。綿のようにフワフワした部分は綿状羽枝（めんじょううし）とよばれ、空気をため込み保温を担います。羽弁（うべん）は傘の役割をし、雨水が体に届かないようにしています。羽弁が汚れたり乱れたりすると雨水が浸透してしまうので鳥はお手入れを怠りません。

 水場は簡単に作れる！

水場といっても、要は水がたまっていればよいので、手軽な方法から始めてみましょう。お皿や植木鉢の受け皿などに水を張るだけでも十分です。これならベランダにも設置できます。水場の底に砂利を敷くと、足場ができて鳥たちも水浴びがしやすくなります。大小いろいろな鳥が利用できるように、深さに変化がつけられるのもメリットです。

もし、深さの変化がつけにくいなと思ったら、お皿を少し傾けるだけでも水深に変化をつけることができます（**下図**）。

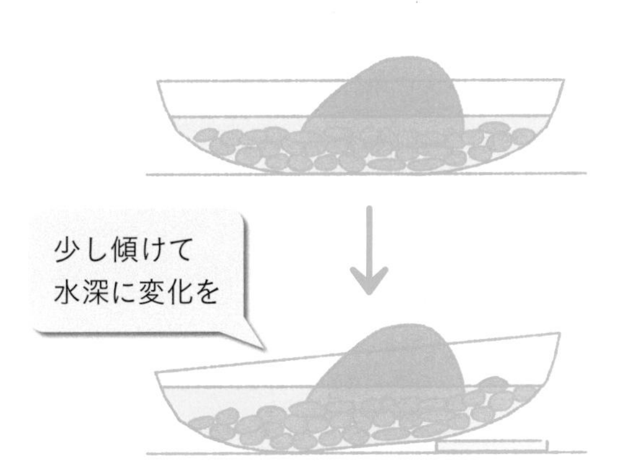

バルコニーに設置した水場で水浴びをするメジロ

四角いバットに水を張っただけの簡単な水場。少し傾斜をつけている

水換え・水足しはこまめに！

水場は常に水がきれいな状態を維持しましょう。水浴びすることで寄生虫が水の中に落ちることがあります。水を換えずに放置してしまうと寄生虫が水浴びに来たほかの鳥についてしまう心配もあります。また、可能な限り、水を涸らすことのないようにしましょう。鳥たちにとっては常に水があることが理想で、それによってリピーターが増える水場となります。

寒い地域での凍結対策

寒い地域では水が凍ってしまうこともあります。凍ってしまうと、鳥は水飲みも水浴びもできなくなってしまいます。その対策の一つとして、ヒーターを入れてみましょう。小さな水場ならバードバスヒーターがあります。電源が必要ですが、砂利の下に敷けば凍結防止になります。温度に応じて電源がオン・オフされる装置（サーモスタット）を取り付ければ、電気代の節約になります。

砂利や石を用意します

砂利の上にバードバスヒーターが真ん中になるように乗せます

ヒーターの上からさらに砂利をかぶせて水を張ったら完成です

気温に応じて電源のオン・オフが切り替わります

鳥にとっての砂浴び

鳥の行動の一つに砂浴びがあります。スズメがよくするので、見たことがある人も多いのではないでしょうか。砂浴びは水浴びと同じく、体についた寄生虫を落としたりして羽を清潔に保つための行動です。地面を掘るように体をこすりつけるので、砂浴び後はスズメ大の穴ができます（**右図**）。羽についたウモウダニやハジラミは羽を傷める原因になり、放置すれば撥水（はっすい）や体温維持の効果が薄れ、生命の危機に直面します。砂浴びは水浴びと同じく、生きるために必要な行動の一つなのです。

すっぽり砂に埋まって砂浴びをするスズメ。穴のうばい合いをすることも。

スズメが砂浴びをした痕跡。たくさん穴があいている

砂場を置いてみよう

鳥が砂浴びできるように砂場を設置してあげるのもよいでしょう。粒の細かい乾いた土や砂を用意し、植木鉢やプランター、植木鉢の受け皿に入れてもいいし、砂を直接置くという方法もあります。ネコがいるご家庭では、トイレに使われないよう小さな器で用意してあげるといいかもしれません。

注意！

砂浴びに使っている土や砂は、鳥が寄生虫を落としているかもしれないので、むやみに触らないようにしましょう。ときどき広げて日干しして再利用すれば、衛生的にもいいと思います。

植木鉢の受け皿を使った砂場の例

池を作ろう！

大きな水場を作ってみたいという人は、ぜひ池作りに挑戦してみてください。やり方はシンプルで、穴を掘って防水シートを敷き、砂利をかぶせて水を張れば完成。材料は右写真の通り。プールライナーは池を作るための防水シートで、0.3mm厚のものがおすすめです。ブルーシートでも代用できます。

材料

STEP 1 あたりをつける

池を作る場所にブロックを並べてみてあたりをつけます。

STEP 2 穴を掘る

穴を掘ります。深さは大体20cmくらい。

STEP 3 プールライナーを敷く

余分をカット

プールライナーを敷き、ブロックを敷き詰めていきます。外側に少し余りを残して余分な部分はカッターなどで切り取ります。

STEP 4 土をかぶせる

プールライナーが完全に隠れるまで土をかぶせます。

STEP 5 砂利を敷く

砂利を敷き詰めます。このとき、場所によって深さのちがいを作るといろいろな大きさの鳥が使えるようになります。

鳥がとまる島になるように大きめの石も置こう

STEP 6 水を入れる

完成！

水草を植えたり、石を置いたり、オリジナルの池を作ってみましょう！

3 バードフィーダーを設けよう

自宅に鳥を呼ぼうと考えたとき、多くの人が真っ先に思い浮かべるのが、バードフィーダーを設置することではないでしょうか。たくさんの鳥が集まって、餌を食べてくれれば見ていて楽しくなりますよね。

餌やりのルール

餌やりには、守ってほしいことがあります。本来餌を出すのは、私たちの娯楽のためではなく、鳥たちのためにという視点をもっていてほしいと思います。

大事なポイント

餌をやるのは冬だけに！

鳥のために餌を出すのは、自然界の中で彼らの餌が不足する時期に限定してください。関東であれば11月下旬頃から３月いっぱいまででしょう。

餌はつぎ足さない！

鳥が完全に人間が出す餌だけに依存してしまい、自然の中で採食しなくなっても困ります。餌はあげすぎず、朝出して、なくなったらその日は出さないという程度にしましょう。

多すぎる餌

適量な餌

外来種や鳥以外の動物への餌付けはしない！

出した餌に外来種や獣害を引き起こす野生動物が餌付いたら、いったん餌を出すのをストップしてようすを見ましょう。(P.48, P.50も参照)

人が出す餌に依存する鳥をつくらないために

一年中、餌を出していれば、多い時期や少ない時期はあっても鳥が来なくなることはないと思います。子育てが進んでくると、親鳥が巣立ち雛を連れてくるようになり、庭はさらににぎわいを増します。でも、ちょっと待ってください。人が出す餌は鳥たちにとって労せずに得ることができ、親鳥もそこに行けば餌があると巣立ち雛に教えるために連れて来てしまいます。そんな巣立ち雛が、この先野外で生きていけるでしょうか？

自然の中にある小動物や植物をとるすべを十分教わることができなかったら、その鳥は生きていけません。また、その鳥が親になれば、その子どもも人が出す餌に依存する鳥になってしまい、その後も人が出す餌がなくては生きていけない鳥が増えていくでしょう。巣立った鳥たちが親離れした先で生きていけるのか心配になりますね。人が出す餌に依存した野鳥は苦労するはずです。

餌台に依存して獲物の捕り方を
学習できなかった
野生動物に餌をあげることは、
度が過ぎれば野生動物や生態系にも
影響が出たりするかもしれません。
ルールを守り、自宅の敷地内のみで
楽しみましょう。

獲物の捕り方を学習できた

いろいろなバードフィーダー

アイデア 1 器を置く

器を置き、そこに餌を出すシンプルな方法です。ネコ対策として少し高い位置に置くとよいでしょう。

バルコニーの手すりに設置した餌台

皿をどこかに置くだけでもOK

アイデア 2 餌かご

つるで編んだかごに、細かい餌がこぼれないように布を敷けば出来上がり！ 風が吹いても餌が飛ばされません。

餌かごに来るシジュウカラ

アイデア 3 果物をそのまま出す

果物をそのまま出すときは、一般的にリンゴやミカンが適しています。木に直接取り付ける、串に刺してぶら下げるなど、いろいろな方法があります。

枝に刺したリンゴに集まるメジロ

アイデア 4 落花生のリース

落花生をリース状にして出す方法もあります。針金などに落花生を差し込んでリースにしましょう。小鳥は自分では殻を割って食べられないので、落花生は殻の端をカットしてあげましょう。

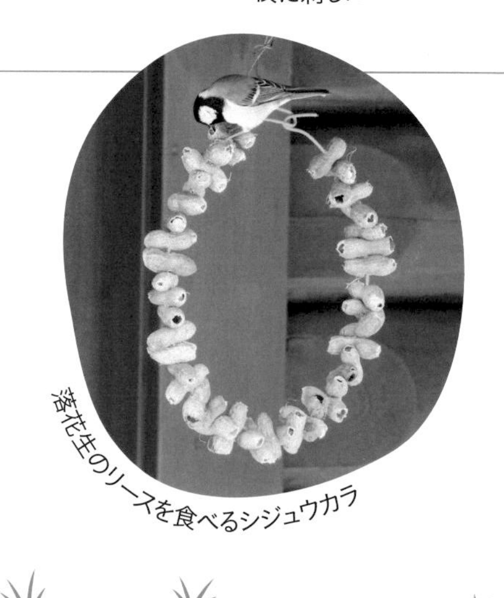
落花生のリースを食べるシジュウカラ

アイデア 5 DIYで餌台を作ってみよう

まずは適当な高さになるように杭を立てましょう。土台には、餌がこぼれないよう枠を付けます。枠は水はけをよくするため、角にすき間をあけておきましょう。最後に土台を杭の上に打ち付けて完成です。

材料

餌を置く部分は集成材やコンパネ、ベニヤ板(合板)といった材が安価でよいかと思いますが、コンパネやベニヤ板は雨で傷みやすいのを前提で使用しましょう。

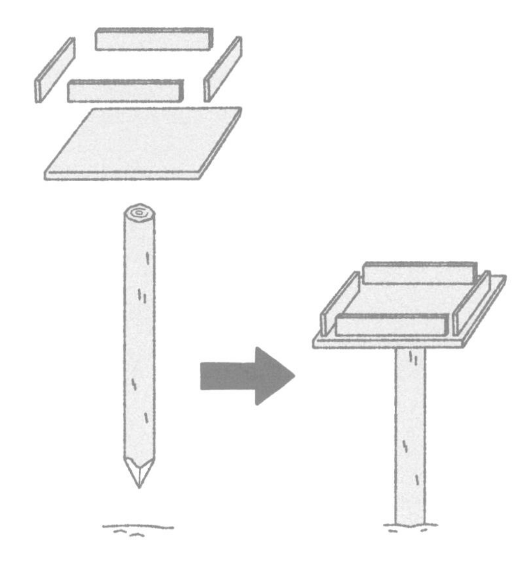

アイデア 6 ぶら下げる方式

餌台を木などにぶら下げる方法もおすすめです。⑤で作った餌台の四つ角にネジフックを取り付け、そこに紐をくくりつけて木にぶら下げるという方法もあります。

バードジュースを
ぶら下げる

ぶら下げれば
ネコも近づけない!

アイデア7 ペットボトルを使う

ペットボトルはバードフィーダーとして再利用できます。下部に切れ込みを入れて出口を作ります。そこにヒマワリのタネをたくさん入れておくと、重力でヒマワリのタネは出口から出ようとします。このとき、出口がせまいので詰まって出ない状態が出来上がります。これで準備OK。シジュウカラやヤマガラ、カワラヒワがそのせまい出口から出たヒマワリのタネを少しずつ取り出して食べます。鳥が餌を取りだす穴(出口)はペットボトルの中間部にあけてもOK。

木に吊るす場合は出口を小さくしないとバラバラと落ちてしまうので、うまくいかなければ、台の上にペットボトルを置く方法がいいと思います。その際、ペットボトルが倒れないようにうまく固定しましょう。

日本鳥類保護連盟で入手できるペットボトルフィーダー

ペットボトルを逆さにして取り付けるだけで簡単なフィーダーになります。中にヒマワリのタネなどを入れておくと少しずつ出てくる仕掛けになっています。

バードピア関連グッズ購入サイト

330円+税+送料(2024年4月現在)

アイデア 8 バードケーキ

バードケーキは高カロリーなので、冬の餌不足を補うにはピッタリです。ヒマワリのタネやミカンなどを食べないウグイスやコゲラ、ジョウビタキなどもやってきます。

木に吊るしたバードケーキ

バードケーキの作り方

1 小麦粉、ラード、ピーナッツバター、ナッツをボウルに入れてよく混ぜます。

2 粉っぽさがなくなるまでよくこねて、生地にします。

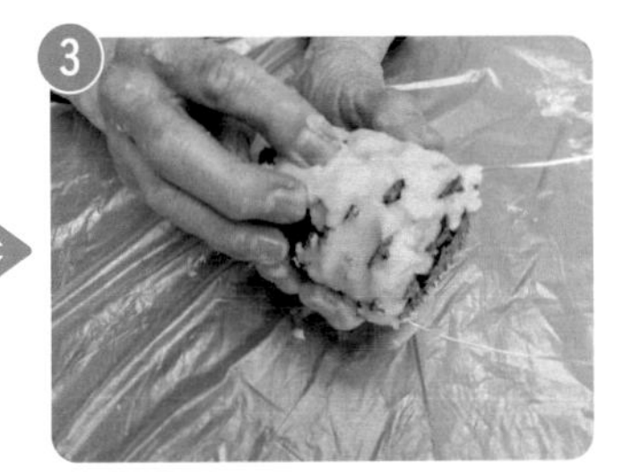
3 生地を松ぼっくりのすき間に埋め込んで完成。これを枝などに吊るします。

アイデア次第でパターン無限大！

キッチン用具をフィーダーにしてみる

スプリング式のバードフィーダー。

吸盤で窓にくっつけるタイプ。ビルの窓拭きみたいですね。

可愛いハートがあしらわれたバードフィーダー。

網の中に牛脂を入れておく。一気になくならず少しずつついばんでいきます。

二段式の餌台

こちらはお手製の餌台。2段式になっていて、小さな鳥が大きな鳥に蹴散らされないように工夫がされています。

上の段にも餌台がある。

下の段には、小さい鳥だけが網目を通って入れる。

日用雑貨には、バードフィーダーにできそうなものがたくさんありますね！

餌の種類

リンゴ

ミカン

パンくず

コメ

ヒマワリのタネ

落花生

ジュース

牛脂

餌の種類と食べる鳥

	パン	アワ・ヒエ	米	ヒマワリのタネ	落花生	バードケーキ	牛脂	ミカン	リンゴ	ジュース
スズメ	○	○	○	△	△	○	○			
シジュウカラ				○	○	○	○	○	○	
キジバト	○	○	○	△	△					
オナガ	○					○	○	○	○	○
コゲラ						○	○			
メジロ						○	○	○	○	○
ヒヨドリ	○					○	○	○	○	○
ヤマガラ				○	○	○	○			
ムクドリ						○	○		○	
カワラヒワ	○	○		○	○	○	○			
ジョウビタキ						○	○			
ルリビタキ						○	○			
ツグミ						○	○	○	○	
シロハラ						○	○	○	○	
アカハラ						○	○	○	○	
ウグイス						○	○			○
ハシブトガラス	○	○	○	○	○	○	○	○	○	○
レンジャク類						○			○	
アオジ		○	○		△	○	○			
イソヒヨドリ	○				△	○	○	○	○	
エナガ						○	○	○	○	○
カワラバト	○	○	○	△	△					
ガビチョウ						○	○			
ホンセイインコ	○	○	○	○	○			○	○	○

※外来種には餌を与えないようにしましょう

迷惑をかけないよう気を配ろう

自宅に野鳥を招くなら、近隣に住む方々にはしっかりと気を配りたいものです。誰もが鳥を好きなわけではありませんから、餌を出して鳥を招いているというだけで煙たがられることもあるでしょう。さらに、餌台に来た鳥が周りの家でフンをしたり、ヒマワリのタネの殻を捨てていったりすれば、隣人に迷惑をかけてしまうことになります。

トラブルシューティング 1

まずは コミュニケーション

どんなに気をつけていても、起こってしまうのがトラブルです。近隣の方々とは、ふだんからしっかりとコミュニケーションをとっておきましょう。実害は出ないようにすることが望ましいですが、万が一出てしまったときには、遠慮なく相談できるような関係を築いておきましょう。トラブルが起こった際には、2, 3のような対策や、場合によっては中止を検討しましょう。

トラブルシューティング 2

餌の種類を変える

例えば、シジュウカラはその場で餌を食べず、ほかの場所に運んで食べます。この時、ヒマワリのタネの殻がほかの家の庭やバルコニーを汚してしまうこともあります。そのような問題が起こるようであれば、落花生のリースやナッツを砕いたものを出すようにしましょう。また、鳥のフンは水分の多い餌を食べているときはゼリー状になって掃除がやっかいですが、水分の少ない餌にすると多少は被害を軽減できるかもしれません。

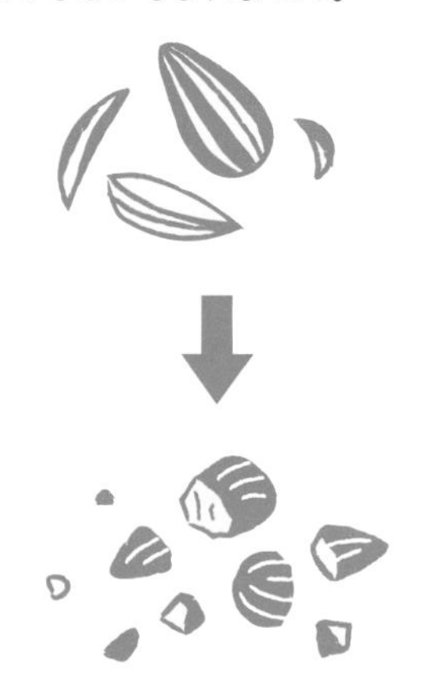

トラブルシューティング 3

隣の家から見えない位置に餌台を置く

バードフィーダーを置く場所を変えることで解決できる問題もあります。鳥は餌台から離れた場所にいったんとまって、餌があるか確かめたり、休憩したりします。その中継地が隣の家の敷地だと、そこで鳥がしたフンがトラブルの原因になります。こうしたトラブルが起こる場合は、隣の家から見えない場所に餌台を移動しましょう。これにより隣の家は中継地ではなくなり、迷惑をかけにくくなります。

コラム

鳥を招くと害虫が減る!?

下の写真のお宅では、毎年サンゴジュハムシに悩まされていました。サンゴジュハムシは、生垣などで植栽されているサンゴジュなどを食樹としています。幼虫も成虫もサンゴジュの葉を食べ、食いつくしてしまうため害虫として名高い虫です。

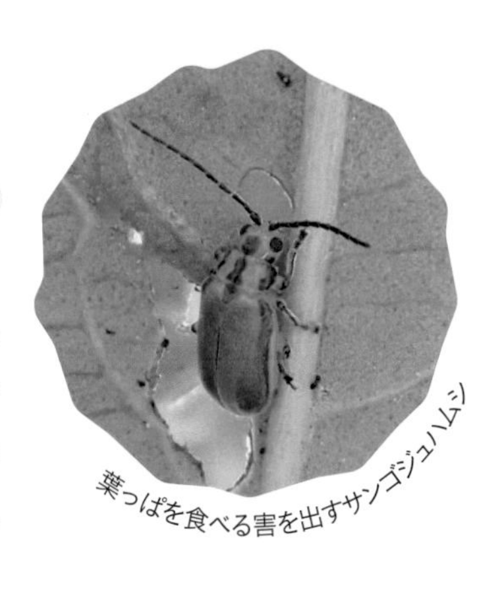
葉っぱを食べる害を出すサンゴジュハムシ

巣箱なし

サンゴジュハムシによって食い尽くされた葉っぱ

巣箱あり

巣箱があるほうは葉っぱが食べられていない

ところが、巣箱や水場、餌台を設置して鳥を招き始めたところ、サンゴジュハムシの食害に対して好影響が出たようです。

巣箱に営巣したシジュウカラ

上の写真は巣箱や餌台を設置している場所としていない場所の比較です。設置していない場所はハムシによる葉の食害が顕著ですが、設置している場所の周辺は葉が茂っているのがわかります。これは、シジュウカラがサンゴジュハムシを食べてくれたからだと考えられます。鳥を招くことが害虫を減らしてくれたという、人とのウィンウィンな関係が成り立った好事例の一つです。

庭に鳥を呼ぶときの困りごとQ＆A

Q1 鳥に餌を出しているけどヒヨドリがひとり占めしてしまいます。

A 物理的に遮断しましょう！

ヒヨドリはほかの鳥を追い払ってしまいます。対策としては、小鳥が通れる大きさの金網などで、餌をおおうと、小鳥だけが入れるという状況を作ることができます。また、ヒヨドリが入れない混んだやぶに設置する方法も有効です。

メジロが通れる大きさの網目

でもヒヨドリは通ることができない

とはいっても、少し離れた位置に
ヒヨドリ用のミカンも置いてあげると
皆が餌を食べられていいなと思います。

Q2 朝になったら餌が荒らされていることがあります。

A ハクビシンやアライグマのしわざかもしれません

果物やバードケーキなどは朝起きたら荒らされているということがあります。夜行性なので、気づきにくいですが、これはハクビシンやアライグマのしわざかもしれません。居着いてしまうとさまざまなトラブルになるかもしれないので、そんなときは一度餌を出すのは中止しましょう。

夜中、餌台にきたハクビシン

Q3 餌台や水場に来た鳥がネコにおそわれないか心配です。

A 茂みの近くに置くのをやめましょう！

鳥が集まるとネコも寄ってきます。鳥たちにとってネコは天敵です。対策するポイントはネコが隠れられる場所の近くに餌台を置かないこと。隠れる場所がなければ、ネコが接近する前に鳥は逃げていきます。加えて、落ちた餌を食べているすきに襲われないために地面に落ちた餌はこまめに掃除しておくようにしましょう。

＼こんな対策も！／ フロート式の水場

大きめの池があれば、フロート式の水場を試してみるのもいいでしょう。発泡スチロールの箱の真ん中に穴をあけて、鳥がとまりやすいように網を敷きましょう。（小さな穴で済めば、網は不要です。）水が適した深さになるくらいに重しを置けばOKです。池の両端から紐でつないで真ん中にくるようにするとよいでしょう。

発泡スチロール性のフロート式水場

重しとなる石を乗せて浮かべる

池の上に水場がある状態にする。ネコ対策になる

Q4 大きなインコのような鳥がやってきます。

A 関東周辺であれば、その鳥はおそらくワカケホンセイインコという外来の鳥です。餌をやるのは控えましょう。

これは外来種だから餌をやらないでくださいという単純なものではなく、ワカケホンセイインコが農業被害などの問題を起こして人との軋轢を起こさないようにするためです。

ワカケホンセイインコはもともとインドやスリランカなどに生息していた鳥で、日本には人の手によって持ち込まれました。外来種問題はさまざまですが、海外ではワカケホンセイインコが農業被害を出して問題になっています。日本でも、過去に千葉県で落花生畑を荒らしていた群れが害鳥として駆除されたそうですが、それ以降は害鳥として駆除された記録は残っていません。分布している場所の果樹園が防鳥ネットでおおわれていることが多く、また、分布があまり広がっていかなかったことも農業被害が問題になっていない要因だと思います。

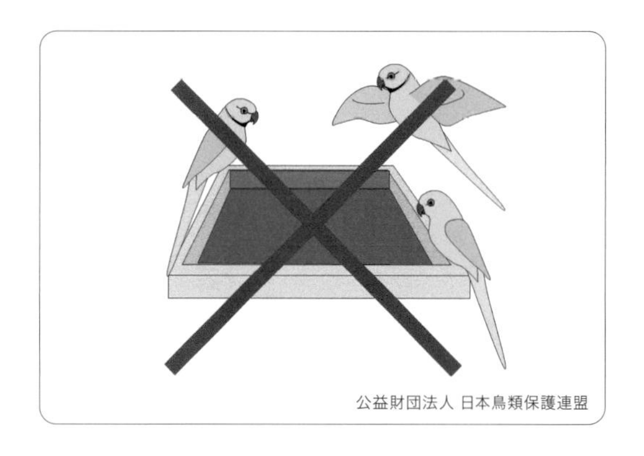

公益財団法人 日本鳥類保護連盟

ワカケホンセイインコのねぐら

ワカケホンセイインコ

日本鳥類保護連盟によるワカケホンセイインコのねぐら調査

ワカケホンセイインコの分布拡大が農作物被害につながる仕組み

ワカケホンセイインコは日本に定着している外来鳥類の中でもっとも餌台の餌に依存しています。そのため餌台の餌に依存できる状態が繁殖を支え、個体数増加につながっている可能性が高いのです。ワカケホンセイインコに餌をやることは、個体数増加から分布の拡大、そして新しい食べ物の認識という2つの点から農業被害につながる恐れがあります（**下図**）。

ワカケホンセイインコは50年以上にわたり日本に定着してきました。駆除も簡単ではないこと、愛護の面からも駆除は難しいことから、できる限り分布をこれ以上拡大しないことが大切です。

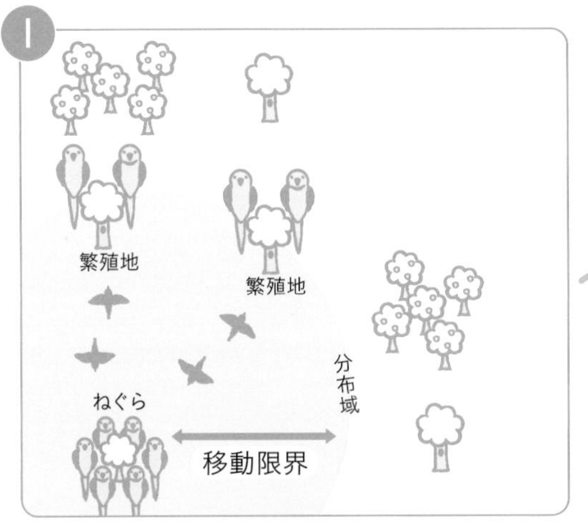

ねぐらが安定して1か所にまとまっている場合、移動距離に限界があるので分布は広がりません。

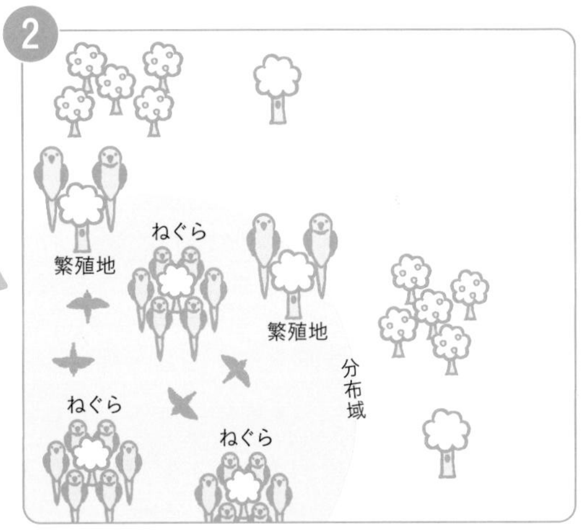

ねぐらが分散すると、移動できる範囲も広がることになります。

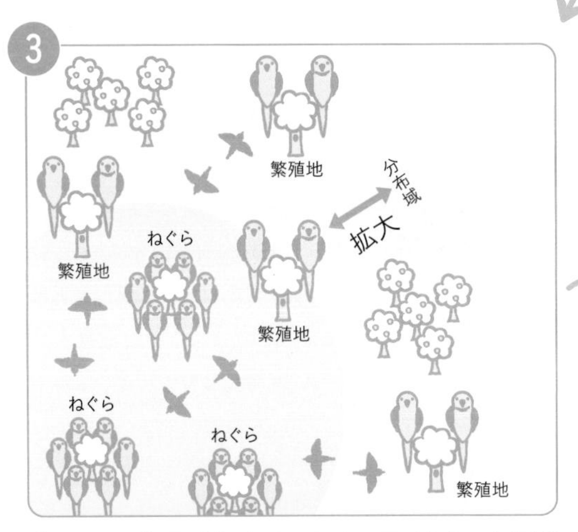

移動できる範囲が広がるとこれまで行けなかった場所まで行けるようになり、繁殖できる場所が増えることになるので個体数増加につながります。

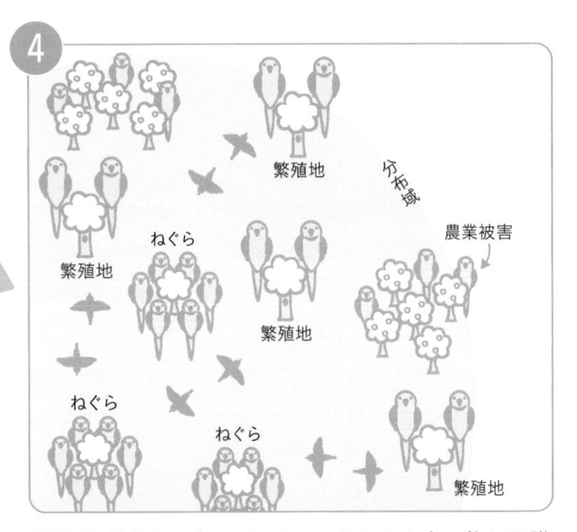

新天地が今まで食べていなかったものを食べ物と認識するきっかけとなり、農園があれば農業被害につながるかもしれません。

4 自然に鳥が来る庭にしよう

ここまで巣箱や水場、バードフィーダーについて話をしました。ここまで準備してあげると、鳥も庭にやってくるようになり、満足している人も多いかもしれません。でも、もう一歩踏み込んでほしいと思います。さらにいろいろ工夫をすることで、みなさんの庭には、さらにいろいろな鳥が来るようになるかもしれません。

実のなる木を植える

庭に鳥を呼ぶには餌を出すことが手っ取り早いですが、将来的には何もしなくても鳥が来てくれるのが理想的です。そのためには鳥がやってくる樹木があると効果的です。鳥が好む実がなり、蜜の出る花が咲く木には、必然的に鳥が集まります。

どんな木を植えればいい?

誘鳥木（ゆうちょうぼく）を選ぶ

鳥が実や蜜を利用する誘鳥木を選びましょう。詳しくはP.60〜67の鳥がくる樹木図鑑を参照してください。また、冬の休息場、ねぐらとしても使ってもらえるように、冬も葉が落ちない常緑樹を植えておくとなおよいです。

実のなる時期を考える

木の実はおもに秋から冬にかけてなるものが多いですが、夏に実がなる種類や春に咲く花の蜜が、食べ物になる木もあります。これらをうまく組み合わせて、1年を通して鳥が食べるものを提供できるようにすれば、鳥でにぎわう庭になりそうです。

地元のものを選ぶ

園芸種より、その土地の自然にある在来種を選ぶのが理想です。住宅地を野鳥が集まる緑地帯と考えるならば、そこにある樹種も生態系に配慮したものであってほしいと思います。さらにこだわれば、他地域よりも地元に由来する郷土種が好ましいでしょう。

野鳥におまかせする

クロガネモチの実を食べるツグミ

じつはわざわざ自分で選んで木を植えなくてもいい方法があります。すなわち「野鳥にまかせる」という発想です。鳥は飛ぶため常に体を軽くしていなければならず、すぐに食べた物を排出します。たくさん食べたら水を飲みたいらしく、水場があれば周辺にある樹木のタネをお腹に残したまま来て、水場のまわりでタネをフンとして排出します。そのタネが発芽すれば、野鳥が好む樹木の苗が手に入ります。つまりは自然の流れを利用するというわけです。

ただし、もともと植物の識別は難しく、実生となればさらに難しいのが悩みのタネ。実生を見つけたらまずは鉢植えで育ててみるといいでしょう。木を植えるスペースがないならそのまま鉢植えで育ててもいいし、自分で考えた設計図(P.58)に見合った樹種が育ったら庭に植え替えるのもよいと思います。

ヒサカキの実生

サンショウの実生

ケヤキの実生

木の植え方

STEP 1 穴を掘る

苗木がすっぽり入るくらいに地面を掘ります。ポットや鉢植えから地面に移植する場合は、根を崩さないように取り出し、掘った穴に入れましょう。

STEP 2 埋める

根回りの土が地面より少し出るくらいに調整して、掘ったときに出た土を戻します。その際に土手を作ると、水やりした水が浸透する前に流れ出ずに済みます。

STEP 3 空気を抜く

たっぷりと水をあげては浸透させてを3回くらいくり返したら、スコップで根回りを突いて土を押し込むと同時に空気を抜いてあげましょう。

STEP 4 踏み固める

あとは地面を平らにして足でしっかりと踏み固めれば完成です。

水やりについて

地面に植樹する場合、1年目はしっかりと水やりをしましょう。ただし、地表は乾いていても地中は水分を蓄えているものですから、やりすぎもよくありません。

2年目からは根が張り体力もついてきているので、それほど水やりに気を配る必要はないでしょう。葉がしおれ気味で元気がなさそうであれば、水をやるという目安でもいいと思います。また、暑い時期に冷たすぎる水はかえって根によくないという考え方もありますので、朝の涼しいときか、水を外の気温に慣らしてからやるとよいでしょう。

生き物のすみかを作ろう

昆虫やクモなどいろいろな小動物がすめる環境を用意してあげれば、それを食べる鳥がやってくるかもしれません。こうして庭に小さな生態系をつくることで、鳥たちは人間のサポートがなくても食べ物を得ることができるようになります。より多くの鳥が集まることが期待でき、小動物を専門に食べるような鳥もやってくるようになります。

生き物のすみか 1 誘蝶木（ゆうちょうぼく）を植えよう

鳥の食物として有力なものにイモムシがいます。イモムシとはつまりチョウやガの幼虫のことですが、それらが食樹とする木のことを誘蝶木といいます。前項で説明した誘鳥木と読みが同じでややこしいですが、植樹の際にこれらの木を意識してみるのも一つの手です。

＊『昆虫の食草・食樹ハンドブック』などの図鑑を参考にするのもよい（P.102）

サンショウ

フジ

ナミアゲハの幼虫

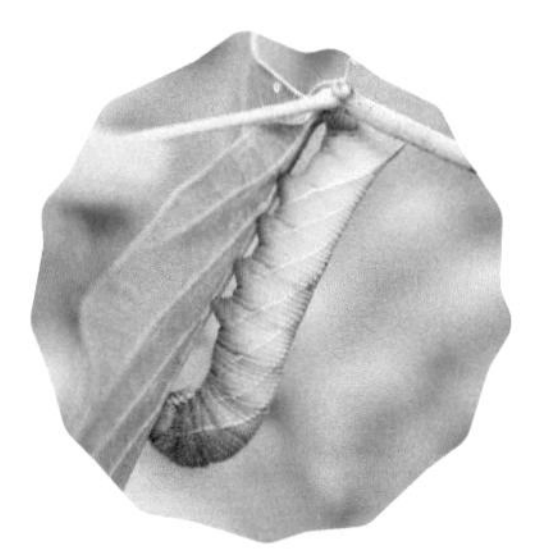

トビイロスズメの幼虫

おもな誘蝶木

ミカン類、カラスザンショウ、サンショウ、エノキ、フジなど

すみつく生き物

アゲハチョウのなかま、ゴマダラチョウ、スズメガ、ウラギンシジミ、ミノガなど

食べる鳥

シジュウカラ、ヤマガラ、スズメ、メジロなど

生き物のすみか 2 木にムシロを巻こう

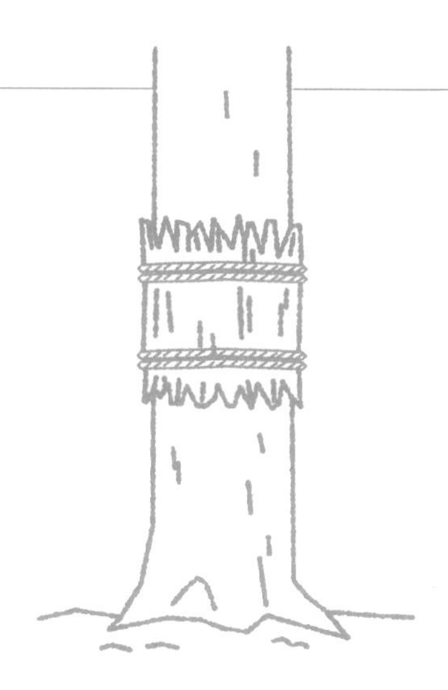

ムシロは木を守るためのものですが、巻いておくと樹皮とムシロの間に昆虫やクモなどが隠れたり越冬したりします。

マミジロハエトリ

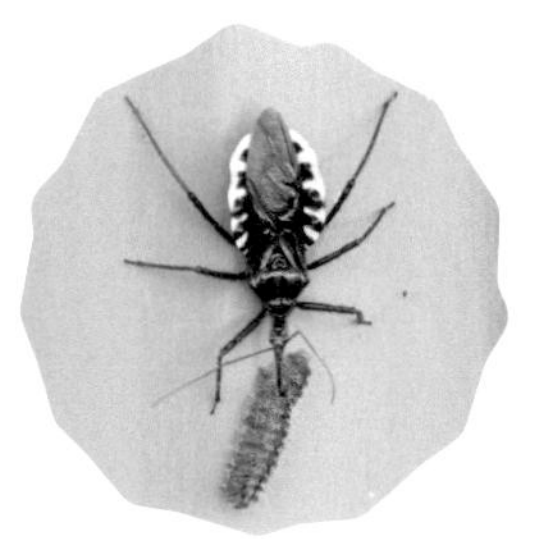

ヨコヅナサシガメ

すみつく生き物

クモ類、ガの幼虫、サシガメ類、テントウムシ類、カメムシ類

食べる鳥

シジュウカラ、ヤマガラ、エナガ

生き物のすみか 3 枝を積んでおこう

剪定した庭木の枝を１か所にまとめて置いておくと、枝と枝の間に空間ができ、そこに昆虫やクモなどの生き物がすみつきます。

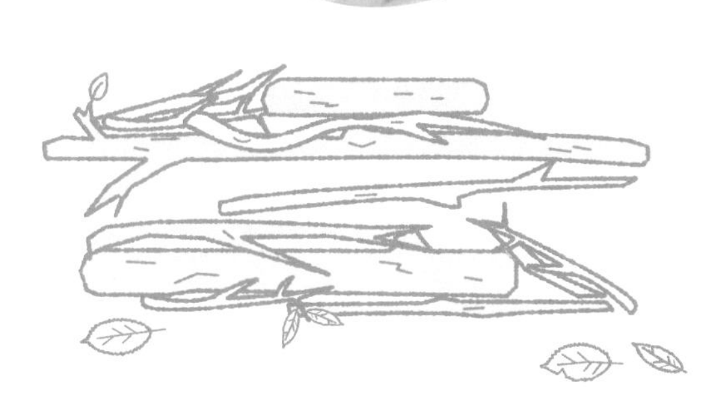

ニホントカゲ

アトモンサビカミキリ

すみつく生き物

トカゲ類、クモ類、カミキリムシ類、コオロギ類

食べる鳥

モズ、シジュウカラ、ヤマガラ、シロハラ

注意！

大きな木材を置いておくと、シロアリを招いてしまう可能性があります。

生き物のすみか 4 落ち葉を集めておこう

秋から冬にかけて落葉した落ち葉はゴミに出さず、1か所に集めておきましょう。落ち葉は小動物にとって、食物や大切な隠れ家になります。また落葉広葉樹の葉だと、集めた落ち葉の下のほうは腐葉土化しやすく、小動物の絶好のすみかになります。

フトミミズ類

ヤスデ類

すみつく生き物	フトミミズ類、ヤスデ類、クモ類、アマガエル、ダンゴムシ類
食べる鳥	ツグミ、ジョウビタキ、モズ、シジュウカラ、シロハラ

生き物のすみか 5 ブロックを置こう

コンクリートのブロックには穴があいており、いくつか重ねて積んでおくだけでもカナヘビやダンゴムシなどの生き物のすみかになります。

オカダンゴムシ

ニホンカナヘビ

すみつく生き物	トカゲ類、ニホンカナヘビ、ダンゴムシ類、ヤスデ類、クモ類
食べる鳥	ツグミ、ジョウビタキ、モズ、シジュウカラ、ヤマガラ

庭の設計図を描いてみよう！

これまで紹介したさまざまな工夫を使って、実際に鳥を呼ぶ庭を構想してみましょう。木の性質などもふまえて設計図を描いてみましょう。

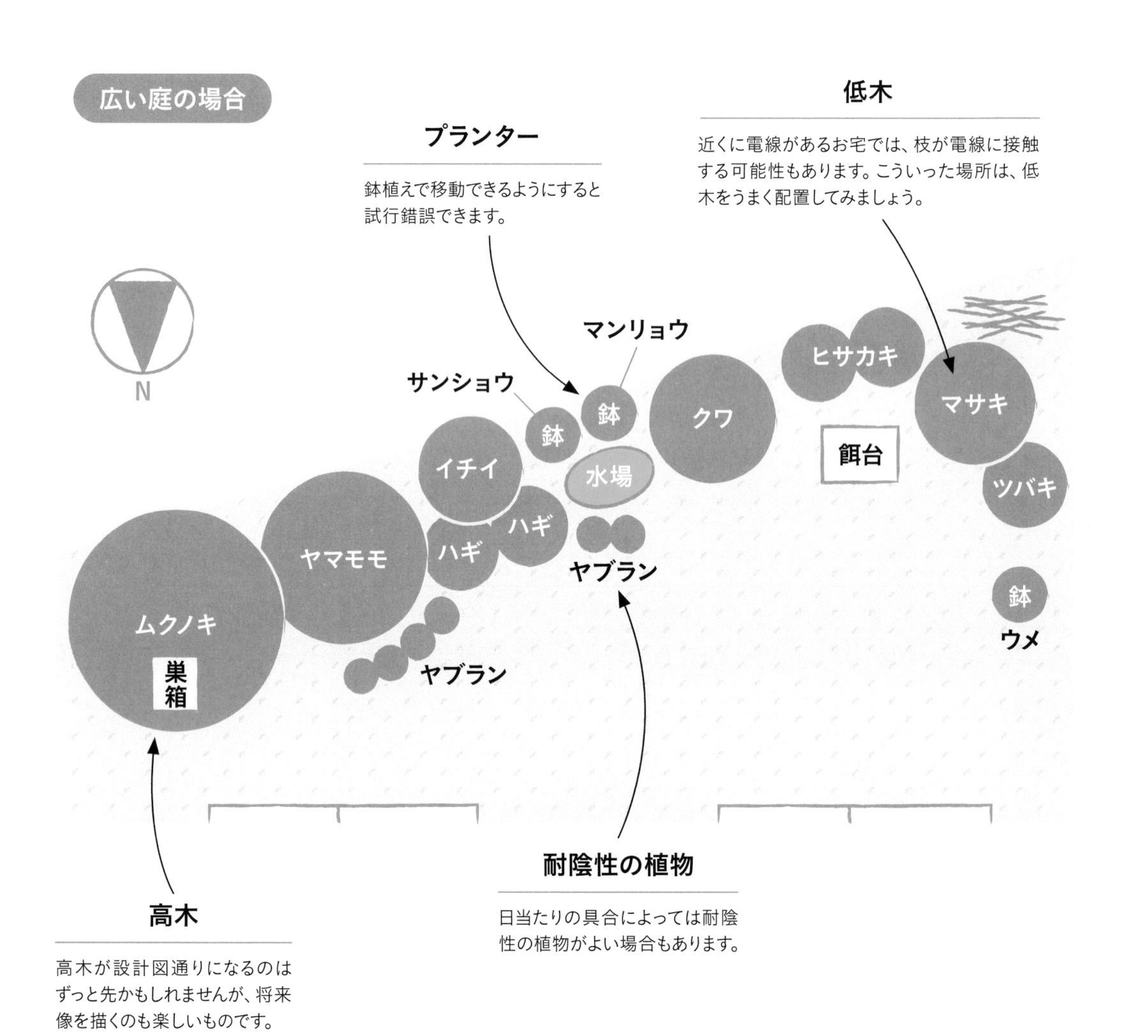

広い庭の場合
プランター
鉢植えで移動できるようにすると試行錯誤できます。
低木
近くに電線があるお宅では、枝が電線に接触する可能性もあります。こういった場所は、低木をうまく配置してみましょう。
N
マンリョウ
サンショウ
鉢
鉢
ヒサカキ
マサキ
クワ
イチイ
水場
餌台
ツバキ
ハギ
ハギ
ヤマモモ
ヤブラン
ムクノキ
巣箱
鉢
ウメ
ヤブラン
耐陰性の植物
日当たりの具合によっては耐陰性の植物がよい場合もあります。
高木
高木が設計図通りになるのはずっと先かもしれませんが、将来像を描くのも楽しいものです。

実を食べに来た野鳥が水浴びした後は、
あそこで羽づくろいして、
そこの木陰で休んで……と、
いろいろ想像しながら設計図を作ると
楽しいと思います。

小さな庭でも工夫次第で、鳥を呼ぶことができます。庭だけでなく、ベランダやバルコニーでも可能です。ぜひ挑戦してみましょう。

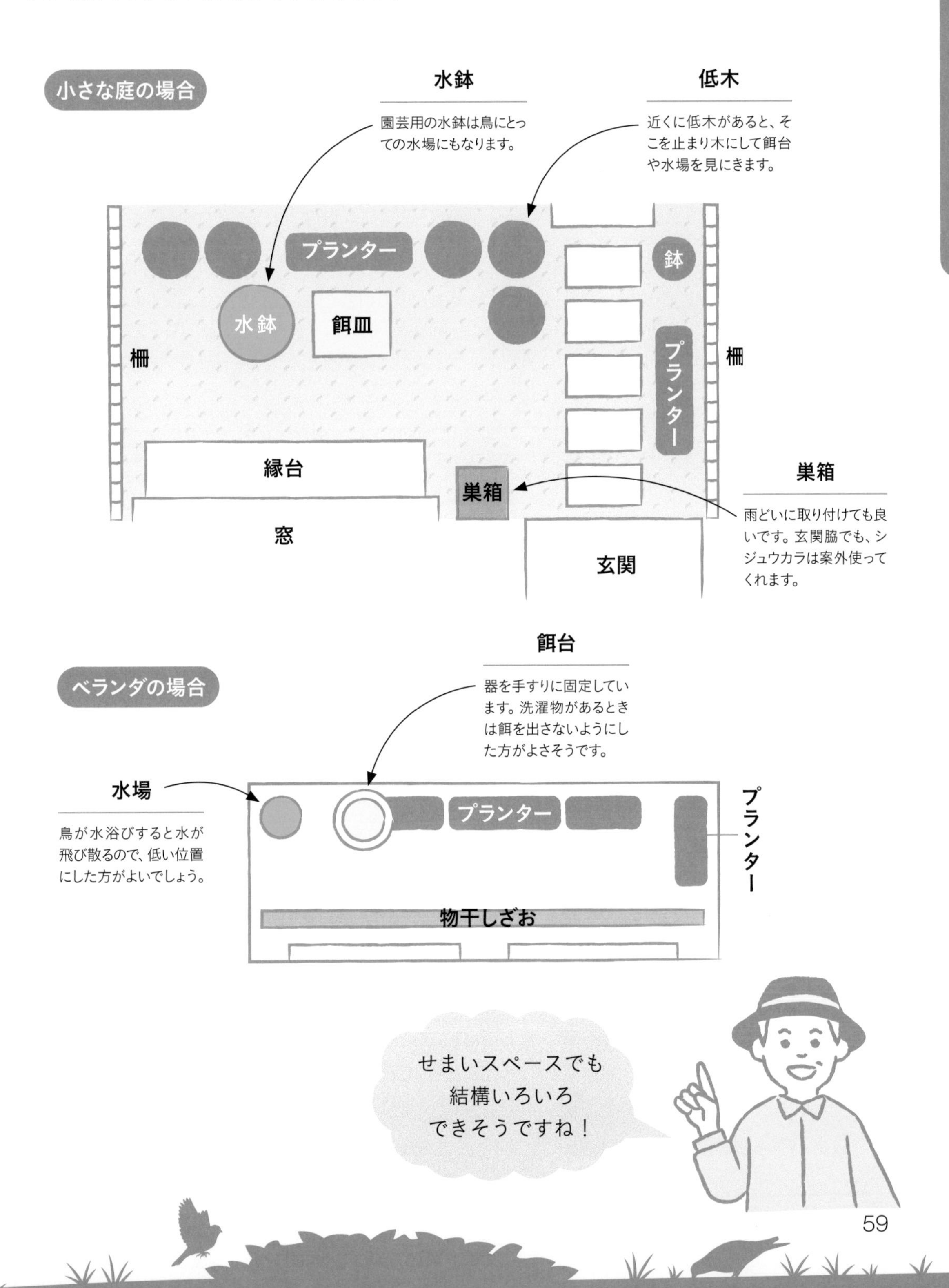
小さな庭の場合
水鉢
園芸用の水鉢は鳥にとっての水場にもなります。
低木
近くに低木があると、そこを止まり木にして餌台や水場を見にきます。
プランター
鉢
水鉢
餌皿
柵
プランター
柵
縁台
巣箱
巣箱
雨どいに取り付けても良いです。玄関脇でも、シジュウカラは案外使ってくれます。
窓
玄関
餌台
ベランダの場合
器を手すりに固定しています。洗濯物があるときは餌を出さないようにした方がよさそうです。
水場
鳥が水浴びすると水が飛び散るので、低い位置にした方がよいでしょう。
プランター
プランター
物干しざお
せまいスペースでも
結構いろいろ
できそうですね！

鳥が好む植物図鑑

鳥が好む植物を紹介します。実を食べたり、花の蜜をなめにきたり鳥によって好みの植物は異なります。高木か低木か多年草か、実が熟す時期(果期)や花の咲く時期(花期)など、それぞれの特徴を庭作りの参考にしてください。

中高木

ムクノキ

アサ科

実は10月ごろから熟し始め、キジバト、ムクドリ、ヒヨドリ、オナガなどいろいろな鳥が食べに来る。干し柿のような見た目で、味も干し柿。人が食べてもおいしい。実が落ちたあとは、地上をかっ歩するタヌキなどのほ乳類も食べる。

樹高　15〜20m　　花期　4〜5月
果期　10月　　植える時期　11〜3月

中高木

エノキ

アサ科

実は９月から熟し始め、メジロやムクドリ、ツグミ類が食べに来る。樹上に残った実だけでなく、地上に落ちた実も食べられる。イカルやシメ、ツグミなどが食べる。オオムラサキやゴマダラチョウなどの幼虫の食樹にもなっている。

樹高　15〜20m　　花期　4〜5月
果期　9月　　植える時期　11〜3月

中高木

ガマズミ

レンプクソウ科

実は冬まで残っていることが多く、真冬にはメジロやジョウビタキなどが食べに来る。クエン酸を含む実はレモンのような酸味があり、人が食べてもおいしい。一方で、白色の花には独特のにおいがあり、人によって好き嫌いがわかれる。

樹高　2〜3m　　花期　5〜6月
果期　9〜10月　　植える時期　11〜3月

中高木

カラスザンショウ　ミカン科

10月頃に渡り途中のヒタキ類が採食するほか、冬の間もメジロやルリビタキ、キジバトなどいろいろな鳥がやってくる。厳冬期までは実が残らないことが多い。アゲハチョウ類の幼虫の食樹でもあり、幼虫を目当てにした鳥もやってくる。

樹高　6〜15m　花期　7〜8月
果期　10〜1月　植える時期　11〜3月

中高木

ミズキ　ミズキ科

多くの鳥たちに人気がある実。8月から熟し始めるが、もっとも利用されるのは9〜10月で、留鳥のメジロやヒヨドリのほか、アオバト、渡り途中のヒタキ類や大型ツグミ、アオゲラなどのキツツキ類といったいろいろな鳥がやってくる。11月には食べつくされていることが多い。

樹高　10〜20m　花期　5〜6月
果期　8〜11月　植える時期　11〜3月

中高木

サクラ類　バラ科

花蜜と実の両方が好まれる。花蜜をメジロやヒヨドリ、スズメがなめにくる。実はヒヨドリやムクドリ、オナガ、アオバトなどいろいろな鳥が好んで食べる。ただし、一般的にサクラと呼ばれるソメイヨシノは雑種で、基本的に実ができないので注意。

樹高　約15m　花期　3〜4月
果期　5〜6月　植える時期　11〜3月

中高木

カキノキ　カキノキ科

実は10月から熟し始めるが、鳥が食べられるのは実がやわらかくなる冬季である。ヒヨドリ、ムクドリ、オナガ、シジュウカラ、メジロなど、さまざまな鳥がやってくるが、メジロなどの小鳥は、ほかの鳥が食べて皮が破れてから食べる。

樹高　約10m　花期　5〜6月
果期　10〜12月　植える時期　11〜3月

中高木

ヤマモモ

ヤマモモ科

6月頃から実が熟し始め、ムクドリやヒヨドリ、キジバトなどいろいろな鳥がやってくる。人が食べてもおいしく、果樹酒やジャムを作れる。なお、名前も見た目も果物のモモに似るが、ヤマモモ科に属し、バラ科であるモモとはまったく別である。

樹高　5〜15m　　花期　4月
果期　6〜8月　　植える時期　3〜4月

中高木

クロガネモチ

モチノキ科

11月頃から熟し始めるが、厳冬期に入ってから食べられることが多い。ツグミやヒヨドリ、メジロなどがやってくる。厳冬期にレンジャク類の大群が街路樹にやってきて、残った実を平らげることもある。

樹高　約10m　　花期　6月
果期　11〜12月　　植える時期　5〜6月

中高木

イチイ

イチイ科

実は10月頃から熟し始め、キジバトやムクドリ、ヤマガラ、ツグミなどいろいろな鳥がやってくる。実は人間が食べてもおいしいが、タネにはタキシンという毒が含まれるので、タネをかんだり飲み込まないように注意。

樹高　約20m　　花期　3〜5月
果期　10月　　植える時期　3〜7月、9〜10月

中高木

キハダ

ミカン科

コルク質の樹皮を削ると、あざやかな黄色の内皮が現れる。これが「黄柏」という生薬になり、健胃薬や外用薬として用いられる。実は秋に熟し、ヒヨドリや渡り途中の大型ツグミ類などがやってくる。

樹高　10〜20m　　花期　5〜7月
果期　9〜10月　　植える時期　11〜3月

中高木

クワ

クワ科

初夏に実が熟す木の一つ。6月頃から熟し始め、熟すと濃い紫色になる。ヒヨドリやムクドリ、カラスなどがやってくる。人が食べてもおいしい。また、鳥以外にも、タヌキやキツネ、テン、ハクビシンなどのほ乳類が食べる。

樹高　3〜10m　花期　4〜5月
果期　6〜7月　植える時期　11〜3月

中高木

イヌツゲ

モチノキ科

材が高級なくしに使われるツゲ(ツゲ科ツゲ属)に似るが、まったく別のグループ(モチノキ科モチノキ属)。庭木として植えられ、刈り込まれている姿をよく見かける。実は10月頃から熟し始め、ヒヨドリやツグミ、キジバトなどがやってくる。

樹高　1〜10m　花期　6〜7月
果期　10〜11月　植える時期　4〜7月、9〜10月

中高木

ネズミモチ

モチノキ科

在来種のネズミモチと中国原産のトウネズミモチ(要注意外来種)の2種がある。両種とも果期は10月頃から熟し始めるが、冬季に入ってからようやく食べられる。おもにヒヨドリに好まれるが、ムクドリ、ジョウビタキ、ツグミ、メジロなども食べにやってくる。

樹高　2〜5m　花期　6月
果期　10〜12月　植える時期　3月、6〜7月

中高木

イロハモミジ

ムクロジ科

タネに翼がついた翼果とよばれる実が好まれる。回転しながらゆっくり落下し、風に乗って運ばれる。7月頃から熟し始め、カワラヒワやアトリなどが好んで食べにやってくる。真冬でも樹上に実が残っていて、シメやイカルも食べる。

樹高　約10m　花期　4〜5月
果期　7〜9月　植える時期　11〜3月

中高木

シデ類

カバノキ科

イロハモミジと同じように、実は種子に翼がついた翼果。10月頃から熟し始め、回転しながらゆっくり落下し、風を受けて遠くへ運ばれる。カワラヒワやアトリが食べにやってくる。平地林にはアカシデやイヌシデ、山地にはクマシデが生える。

樹高　10〜15m　花期　4〜5月
果期　10月　植える時期　11〜3月

中高木

リョウブ

リョウブ科

樹皮がはがれやすく、まだらになるのが特徴。卵をひっくり返したような形に縁がギザギザした葉っぱも特徴。実は10月頃から熟し始める。カラ類やウソ、ツグミ、メジロなどいろいろな鳥が食べにやってくる。花にはアゲハチョウなどの蝶類がやってくる。

樹高　8〜10m　花期　6〜8月
果期　10〜11月　植える時期　11〜3月

中高木

エゴノキ

エゴノキ科

実は7月頃から熟すが、果皮には有害なエゴサポニンが含まれる。利用する鳥はそれほど多くないが、ヤマガラは好み、果皮を取り除いてタネを食べる。キジバトもむきだしになった種子を食べる。花蜜をなめにメジロが来るほか、ハナバチなど昆虫もやってくる。

樹高　5〜10m　花期　5〜6月
果期　7〜8月　植える時期　11〜3月

中高木

コシアブラ

ウコギ科

実は10月頃から熟し始める。ツグミなどの大型ツグミ類やジョウビタキ、ルリビタキ、キツツキ類、アトリなどさまざまな鳥が食べにやってくる。山菜としても有名で、春季の新芽は食用となる。天ぷらにするとおいしい。

樹高　5〜15m　花期　8月
果期　10〜11月　植える時期　11〜3月

中高木 ウメ バラ科

花は2月頃から咲き始め、メジロやヒヨドリが蜜を求めてやってくる。取り合わせのよいたとえ（春の訪れを告げる花と鳥）に「梅に鶯」がある。しかし、動物食のウグイスはウメの花蜜はなめない。実は果実酒としても利用される。

樹高　3〜6m　　花期　2〜3月
果期　6月　　植える時期　11〜3月

低木 サンショウ ミカン科

メジロやオナガ、ヒヨドリ、キジバトなどが実を食べにやってくる。若葉が料理に添えられるほか、実は香辛料にも利用される。雄株と雌株があり、雌株しか結実しないので植樹する際は注意。また、アゲハチョウ類の食樹となっている。

樹高　2〜4m　　花期　4〜5月
果期　9〜10月　　植える時期　11〜3月

低木 ヤブツバキ ツバキ科

花蜜が好まれる。厳冬期にも咲き、花蜜がとても多いため、ヒヨドリやメジロが好んでやってくる。実は椿油の原料として利用されるが、鳥が食べることはない。毒針毛をもつチャドクガ（P.21）がつくので注意が必要である。

樹高　3〜8m　　花期　2〜4月
果期　10〜11月　　植える時期　3〜4月、6〜7月、9〜10月

低木 ヒサカキ サカキ科

花蜜と実の両方が好まれる。花にも実にも、メジロが好んでやってくる。実は10月頃から熟し始めるが、おもに冬期に利用され、メジロのほかにヒヨドリ、大型ツグミ類などいろいろな鳥が食べにやってくる。雄株と雌株があり、雌株しか結実しない。花はガスのような香りがする。

樹高　2〜5m　　花期　3〜4月
果期　10〜1月　　植える時期　3〜5月、8〜9月

低木

センリョウ

センリョウ科

実は11月頃から熟し始めるが、おもに冬場に利用される。ヒヨドリが好んで食べにやってくる。真っ赤な実が美しいので、花材として使われる。マンリョウ（下）に似るが、本種は葉の上に実がなるという点が異なる。

樹高　約1m　　花期　6~7月
果期　11〜1月　　植える時期　4〜5月、9〜10月

低木

マンリョウ

サクラソウ科

真っ赤な実は縁起物として、正月の飾り物に使われる。センリョウに似るが、赤い実が葉の下になる点で見分けることができる。11月頃から熟し始めるが、おもに冬場に利用される。ヒヨドリが実を好んで食べにやってくる。

樹高　0.3〜1m　　花期　7〜8月
果期　11〜3月　　植える時期　4〜5月

低木

マユミ

ニシキギ科

材がしなやかで、かつて弓の材料として使われた。実は10月頃から熟し始める。おもに冬場に利用される。実は脂質をたっぷり含み、ヒヨドリやメジロ、カラ類、ジョウビタキ、ウグイス、スズメ、キツツキ類などさまざまな鳥が食べに来る。

樹高　3〜8m　　花期　5〜6月
果期　10〜11月　　植える時期　11〜3月

低木

ニワトコ

レンプクソウ科

実は６月頃から熟し始める。ヒヨドリ、メジロ、オナガ、カワラヒワなど、いろいろな鳥が食べにやってくる。セッコツボクという別名があり、枝や樹皮を煎じて湿布薬として利用したことから名付けられた。

樹高　2〜5m　　花期　3〜5月
果期　6〜8月　　植える時期　3〜４月、9月

低木

マサキ

ニシキギ科

植え込みや生け垣によく使われる。実は10月頃から熟し始め、マユミと同じように4つに裂けた果実から赤いタネが出てくる。キジバトやヒヨドリ、大型ツグミ類、ジョウビタキなどが食べにやってくる。

樹高　2〜5m　　花期　6〜7月
果期　10〜1月　　植える時期　3〜4月、9〜10月

低木

ハギ（ヤマハギ）

マメ科

三つ葉が特徴の低木で、山地の明るい場所に生える。実は10月頃から熟すが、おもに冬場のホオジロ類やアトリ類が好んで食べにやってくる。成長が早いので剪定による管理をしっかりとする必要がある。

樹高　1〜3m　　花期　7〜9月
果期　10月　　植える時期　11〜3月

多年草

ヤブラン

クサスギカズラ科

実に果肉はなく、実に見えるのはタネそのもの。皮をむいて舗装路などに落とすと、スーパーボールのようによく弾む。11月頃から熟し始めるが、食べられるのは真冬になってからが多い。ヒヨドリやジョウビタキ、年によってはレンジャク類が食べにやってくる。

花期　8〜10月　　果期　11〜1月
植える時期　11〜3月

植える時期について

落葉広葉樹の場合は11〜3月が樹木の眠っている時期なので移植の負担が少なくて済みます。ただし、厳冬期は避けたほうがいいでしょう。常緑広葉の場合は樹種によって適当な時期が異なります。その樹種にとっていつ頃が植樹する時期としてベストなのかは【植える時期】を参考にしてみてください。

コラム

モズのはやにえ

モズ♂

モズは都市部の鳥ではありませんが、小さくても農耕地が点在していたり、川に近かったりすると普通に見られる鳥で、庭にもやってきます。そのモズには「はやにえ」と呼ばれる、獲った小動物を枝などに刺す習性があります。なわばりを示すためとか、保存食にするためとかいわれていますが、確かなことはわかっていません。

わが家でも、アジサイの枝でアマガエルがはやにえになっていることがありました。わが家の周辺では、未だにモズを見たことも声を聞いたこともないのですが、そのはやにえは翌年もまた同じアジサイに……。みなさんのお宅にも、知らないうちにモズがやってきているかもしれません。

はやにえされた獲物たち

バッタ類　センチコガネ　カメムシ類

ミミズ類　ニホンアマガエル

庭に鳥を呼んだなら

ここまでは、庭に鳥を呼ぶためのいろいろな工夫を紹介してきました。できることから進めてもらえればきっと庭に鳥がやってくるようになるでしょう。ここまででも十分満足いただけると思うのですが、ここでは実際に庭に鳥がやってきたときに、取りこぼすことなく120%楽しむための方法を4つの項目にわけて紹介します。

1

やってきた鳥を観察しよう

鳥を招く工夫をしても、はじめは鳥たちは警戒しています。しかし、段々と慣れていきます。慣れてきたらいよいよ観察してみましょう。そこにはどんな喜びがあるのか？ 眺めるように観察したり双眼鏡を覗いたり、自宅で鳥を観察する楽しみを紹介します。

まずはじっくり観察

庭に来る鳥たちをじっくりと観察していると、いろいろな気づきがあります。いつも何時頃に来るか、どの餌を好んで食べるか、種によって強い弱いがあるかなど、ちょっとした疑問をもつことで観察する楽しさが増します。

観察していると、餌台に直接来る鳥もいれば、来る前のお気に入りの中継地にいったんとまってようすを見てから来る鳥がいたりします。あるいは、餌台の上で食べ続ける鳥もいれば、餌台から持ち出して別の場所で食べる鳥もいます。また、同じ種でも臆病なものもいれば大胆なものもいたりして、その違いに気づけば気づいたことがうれしくなり、誰かに話したくなるに違いありません。そのうち行動パターンから、いつも来る鳥だと確信がもてるようにもなります。冬鳥であれば去年と同じ行動をするから同じ個体に違いないとか、じっくり見ることで自分の庭に来る鳥が特別な存在になっていくことでしょう。

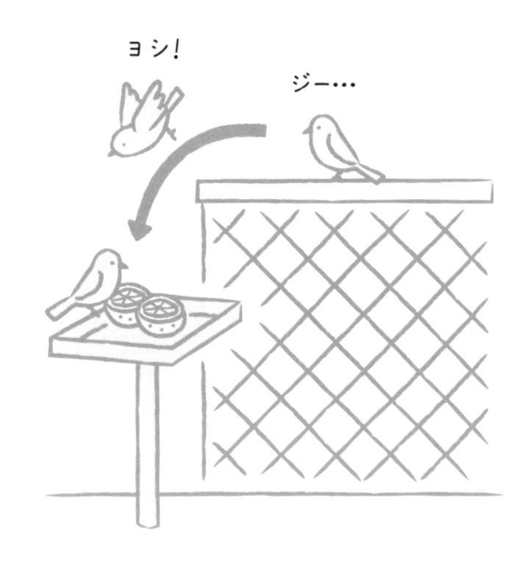

さらによく見てみると…

肉眼で全体を見渡しながら見る楽しさもあれば、その鳥をもっと詳しく見る楽しさもあります。それは双眼鏡を使って拡大して見るということです。もし双眼鏡で見る経験がない人であれば、いつも庭にやってくる鳥を双眼鏡の視界に入れることができたとき、えもいわれぬ感動に包まれるにちがいありません。今まで見えていなかった鳥の顔、羽毛のフワフワ感、くちばしを動かすようす、肉眼で見るときと双眼鏡で見たときの色・模様の見え方のちがいなどなど。最近では図鑑も多く出回っているので頭では理解できていても、実際に動く鳥を拡大して見ると違った感動を覚えます。餌を食べているようすやちょっとした仕草を楽しめるのも、双眼鏡を通して見ることで得られる利点でしょう。

よく見ると…
きれいな羽の模様!

庭にとまったジョウビタキ

よく見ると…
獲物を捕まえていた!

地上に降りているルリビタキ

双眼鏡の選び方と使い方のコツ

双眼鏡はレンズの口径が大きいほうが視野が広くて明るく見えます。一方、それに比例して重くなります。重いと持ち歩くのも大変ですが、家の中ではそんな心配もありません。すぐに使えるように、キッチンカウンターやテーブルの上など手の届きやすい場所に置いておきましょう。

双眼鏡の視界に鳥を入れるには、コツがあります。まず、見たい鳥のほうをまっすぐ向き、次に鳥から目を離さずに双眼鏡を目の位置にもってきます。すると、見たい鳥が双眼鏡の視野に入ります。あとは、ピントを合わせるだけです。

2

無人カメラで撮影しよう

やってきた鳥を直接観察する方法を紹介しましたが、人間が見ていないときに鳥たちが何をしているかも気になりますよね。最近では、外出先から自宅のペットのようすをパソコンやスマートフォンで見ることができるカメラもあります。これを仕掛ければ、なんと、いつでもどこでも鳥たちを観察できるのです！

巣箱をモニタリングする

巣箱をかけた場合、巣箱を開けて中を覗くことは控えなければなりません。鳥へのストレスになります。とはいうものの、中がどうなっているか気になるのも人情というもの。そこで役に立つのが屋内用の防犯カメラです。これならストレスを与えることなく覗き見できます。日々成長していく雛たちの成長日記をつけても楽しいでしょう。

水場・餌場をモニタリングする

採食や水浴びをしているとき、鳥たちは警戒心を高めます。そのため、決定的な瞬間を捉えることは困難です。しかし、無人カメラがあれば、あたかも目の前で水浴びをしているかのような映像も捉えることができます。

巣箱に設置するカメラ

右のカメラの大きさは、約4cm 四方。4K 撮影ができます。この大きさだと1回の充電で8〜10時間の連続録画ができるバッテリー容量があり、ソーラーパネルを併用すれば充電は不要。さらに、Wi-Fiが使えれば配線を引く必要もなく、パソコンやスマートフォンで映像を受信できます。

設置方法

STEP 1

カメラの位置を決め固定する

ここでは、側面につけていますが、機材に合わせて、画角を確認しながらいろいろ試してみるとよいでしょう。コードの端子の大きさや差込口の位置も考慮し、コードを接続した状態でフタが閉まるかなども確認して位置を決めましょう。

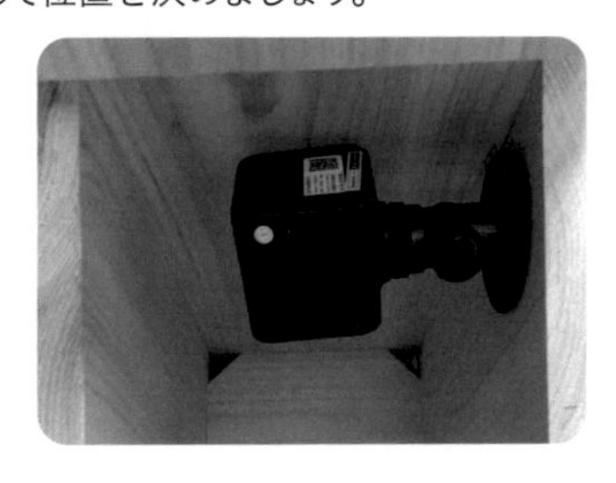

STEP 2

配線の穴をあける

ソーラーパネルとの併用の場合、巣箱の屋根などにコード用の穴をあけます。

STEP 3

ソーラーパネルをつける

ソーラーパネルは日当たりのよい場所に設置しましょう。写真のように巣箱の屋根でもOKです。

STEP 4

雨漏り防止措置

コードが表に出る部分には、雨水がコードを伝ってカメラに届かないよう、エアコン用配管パテなどでしっかりとすき間を埋めましょう。

水場・餌場に設置するカメラ

日当たりのいい場所であれば、ソーラーパネルとセットの防犯カメラを設置することをおすすめします。これであれば電源を確保するために屋内に線を引き込む必要がありません。ただし、多くの防犯カメラは巣箱に設置するカメラと同様、Wi-Fiの電波が届いている場所でしか使用できません。

設置方法

STEP 1 設置場所を決める

Wi-Fiの電波を経由するので、自分の庭やバルコニーの電波状況を確認する必要があります。広角なので、被写体から離れすぎると、小さく映って何が来ているのかわかりません。被写体からの距離は大体50cmくらいが目安です。

ソーラーパネルは日当たりのいい場所に設置しましょう。

STEP 2 画角を調整する

カメラの機種ごとにスマートフォン用のアプリがあります。ダウンロードすると、アプリ上で画角を見ながら位置を調整できます。

防犯カメラには、検知センサーがついています。画面の中の指定した部分に動きがあると撮影を開始したり、登録した端末に通知を送る機能です。つまり、鳥が来たことをカメラが知らせてくれます。ただし、風で揺れた草木に検知センサーが反応することもあるので、設置する際に剪定しておきましょう。

アプリでの確認画面

実際に撮れた映像

水場に来る生き物を調べよう

Wi-Fiが使えない場所では、トレイルカメラが重宝します。トレイルカメラとは赤外線センサーを使った自動撮影カメラのことで、乾電池で稼働するので、コードを引く必要もありません。ライブ映像で見られなくても、帰宅してからどんな鳥が来たかを確認するのも楽しいものです。ここではトレイルカメラを使った楽しみ方を紹介します。

水場に設置したトレイルカメラ

トレイルカメラ

熱があるものからは赤外線が放たれていますが、トレイルカメラは、動物が放つ赤外線によって赤外線の量が変化するのを探知して撮影・録画します。夜間は暗視モード（白黒）で撮影できます。撮影したものはSDカードやMicroSDカードに記録され、数か月は電池交換しなくても稼働します。なお、窓ガラス越しでは反応しないので注意。

トレイルカメラの設置例

設置方法

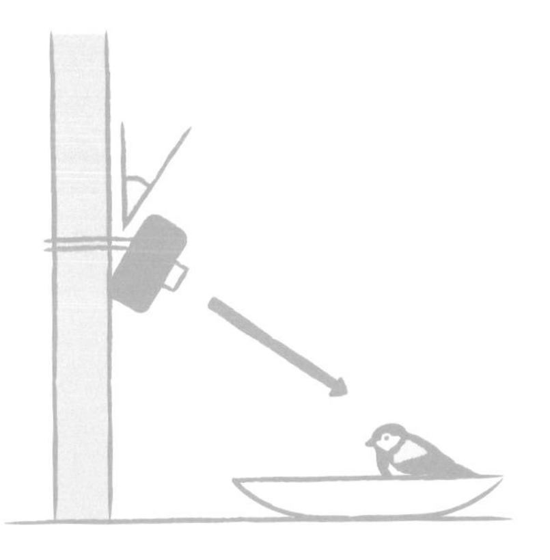

1. 撮影の設定をする。写真か動画か、または両方か、撮影のインターバル時間、日付が写り込むようにするかなど。
2. 水場が画角に入るような位置で立木や三脚を使って設置する。
3. 試し撮りをしてみて、写真がイメージ通りになっているかを確認する。
4. イメージ通りならスイッチを入れ準備完了。被写体と離れすぎると何かわからないので、距離にもこだわろう。
5. 毎日でも1週間ごとでも、好きなタイミングでＳＤカードを回収して中身を見てみよう。

巣箱のシジュウカラの子育て日記

シジュウカラは３月頃に巣の中で産卵し、13〜14日間の抱卵を経て孵化します。そこから２〜３週間かけて大きくなり、巣立っていきます。あるお宅で庭に無人カメラ付きの巣箱をかけました。するとそこでシジュウカラが巣づくりをはじめてくれました。無人カメラで記録した１か月に及ぶシジュウカラの子育てをご紹介します。

3月12日

まずは巣づくり

コケや羽毛など巣材がぎっしり敷き詰められてふかふかのベッドができ上がってきました。準備は万端のようです。この上で卵を産み、雛を育てます。

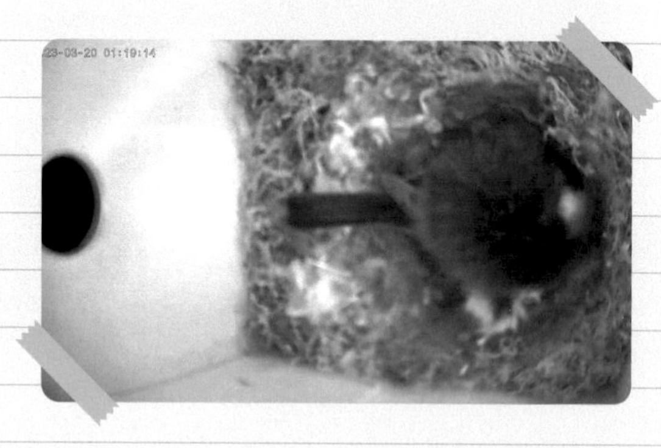

3月20日

いよいよかな？

メスのようすがあやしくなってきました。そろそろ卵を産みそうです。シジュウカラの場合、メスは1日1個ずつ産みます。お腹の下に卵があるかもしれません。

3月21日

おそらく、この日から産卵が開始

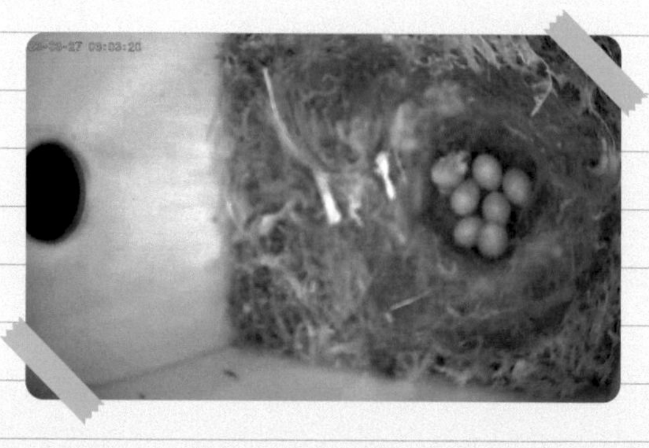

3月27日

卵がある！

この時点で卵は７個。のちに全部で11個の卵が確認されました。メスは毎日健気に抱卵しています。卵が無事孵ることを祈るばかりです。

3月30日

メスが本格的に抱卵を開始

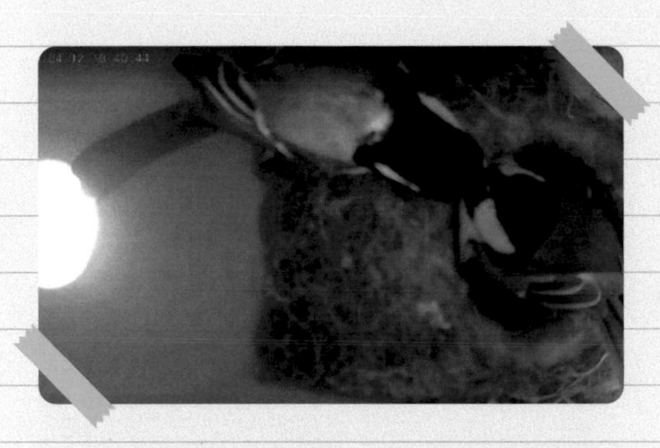

4月12日

孵化した！

抱卵開始から14日目。抱卵しているメスにオスが食べ物を運んで来ます。この日、初めて雛が確認できました！この日は5羽の雛が生まれました。

4月15日

雛は全部で6羽

雛の姿が映っています。11個のうち、6羽の雛が孵りました。生後3日目。まだ羽毛のない姿ですね。親鳥は抱雛といって雛をお腹の下に入れて温めていることが多いようです。

4月27日

巣立ちのときは近い

雛たちもすっかり大きくなり、羽も生えそろってきました。そろそろ巣立ちのときかもしれません。写真は親鳥が雛の排泄物（糞嚢）をくわえて持ち出すところです。

4月28日

雛たちは全員巣立っていきました

この日、すっかり大きくなった雛たちは全員巣立っていきました。少し寂しい気もしますが、自宅の庭でしっかり育ってくれてうれしくもあります。こうやって鳥たちの生活史—バードライフ—を観察できる。これも庭に鳥を呼ぶことで得られる楽しみの一つです。

トレイルカメラが捉えた野生動物たち

水場に設置したトレイルカメラには1週間もすると、いろいろな来客が映り始めました。そこには人目を気にしない大胆な姿や思いがけない来客の姿がありました。

ヒヨドリの大浴場

都市部でも見られる
猛禽類のツミ

エナガ、メジロ、
シジュウカラの混群

秋の渡り途中の
キビタキが来ました

アナグマもやってきて
気持ちよさそうに入浴中

冬鳥のヒレンジャクが
水を飲みに来ました

機材選びのポイント

自宅に設置するのにおすすめの機材と機能を紹介します。リーズナブルなものでは数千円で購入できます。選ぶポイントは、設置を検討している場所に取り付け可能な形状かどうか、防水性能、Wi-Fiに対応しているか、バッテリー容量は十分か、ソーラーパネルは付属しているか、画素数は満足いくものかがあげられます。画素数は価格にも影響してきますので予算と照らし合わせて検討してみてください。

タフな野外調査用！

トレイルカメラ

価格帯 5,000 ～ 10,000 円

SDカードを交換する手間はありますが、乾電池で稼働し、防水なので場所を選びません。とりあえずどんな鳥が来ていたのかを知りたい場合にも重宝します。

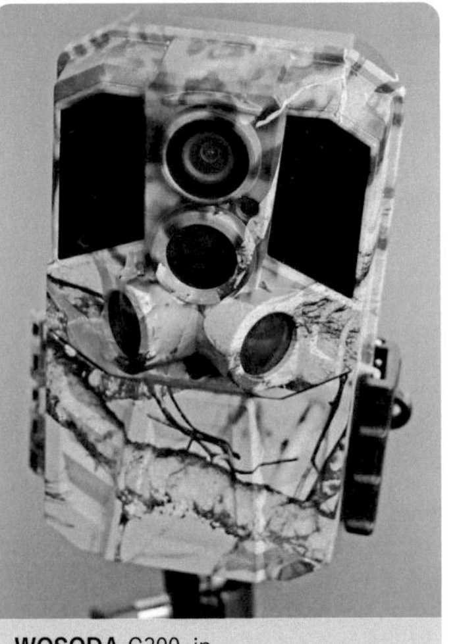

WOSODA G300-jp

場所を選ばない コンパクトさ！

ieGeek 強化版AI識別 500万ソーラー防犯 ZY-C1

三脚対応防犯カメラ

価格帯 3,000 ～ 8,000 円

三脚にも設置できるタイプのものは設置場所を動かしやすくて便利です。

CHIXODO 小型カメラ

巣箱内撮影に最適！

小型防犯カメラ

価格帯 5,000 ～ 10,000 円

巣箱の中に設置するのは、コンパクトなものが最適。野ざらしにはできませんが、室内から窓越しに撮影するのにも便利です。

野外用防犯カメラ

価格帯 5,000 ～ 10,000 円

打ち付けるタイプのものは木や壁があれば風で動くこともなく安定します。ソーラーパネル付属のものを選ぶとよいでしょう。

DEKCO 太陽光発電無線セキュリティカメラ DC 9P

※2024年4月現在における製品です。製品は更新、販売中止されている可能性もあります。ご注意ください。

無人カメラで広がる楽しみ

自然な姿を観察できる！

無人カメラを通しての観察では、鳥は水場でも餌場でも巣箱の中でも、警戒せず自然な振る舞いを見せてくれます。これも無人カメラの醍醐味。特に興味深いのが巣箱の中です。普段見ることができない、鳥の生活を覗くことができます。

友達や家族と談笑しながら！

いつでもどこでもスマートフォンがあれば映像をライブで見ることができるので、友人・知人・家族と一緒に見ながら楽しむことができます。見ている鳥を脅かすこともないので、鳥の可愛らしい姿に皆で談笑しながら盛り上がっても大丈夫。

画像や動画をSNSに！

無人カメラは見るだけでなく、撮影や録画もできます。検知センサーで撮影された画像や動画、ライブで観察中に撮影したお気に入りの画像や動画をSNSに投稿してみましょう。

自分の庭に来ている鳥たちの可愛いようすを見て感動し、さらにその感動をたくさんの人と共有し、共感を得られれば、うれしさも倍増です！

みんなにシェアするバードライフ！

撮影した画像や動画はそのまま投稿してももちろんいいですが、少し手を加えても楽しそうです。

シジュウカラの子育ての様子を日記にしてブログで発信することもできますし、動画を撮影・編集して巣材運びから巣立ちまでのドキュメンタリーを動画投稿サイトにアップするなんてこともできますね。素材はたくさん集まりますから、みなさんのアイデアでいろいろなことにチャレンジしてみてください。

ぜひ、クリエイティブなバードライフを楽しんでください！

キビタキが来た！

気をつけたいこと

バードフィーダーで撮影された鳥の写真や動画は、冬の適切な期間に撮影したものだということがわかるよう、投稿時期等に配慮をしましょう。

トラツグミが来た！

メジロが水浴びに来ました
#野鳥観察

みなさんの素敵な投稿
楽しみにしております！

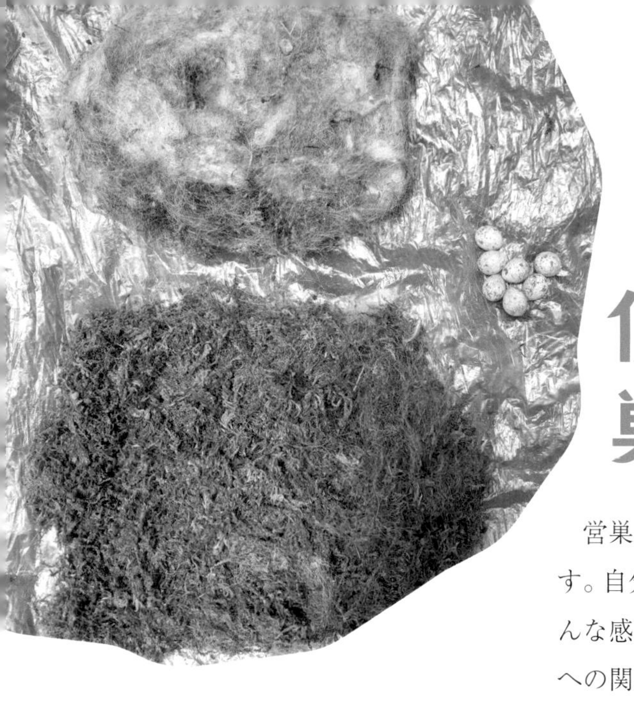

3 使い終わった巣箱を見てみよう

営巣後の巣箱の中身はたくさんの情報が詰まっています。自分がかけた巣箱を利用したのかどうか、中身はどんな感じになっているかなど、営巣後に観察すると自然への関心がさらに高まります。

スズメが営巣した巣箱

スズメは、おもに枯れ草を使って巣箱の中にしっかりとしたドーム状の巣をつくります。その中心に産座(卵を産み温め雛を育てる場所)をつくりますが、ここのスズメはカラスの羽根をたくさん使っていました。

また、意外なものが入っていて驚かされることもあります。写真はスズメが利用した巣箱の巣材にコムクドリやオオルリの尾羽が入っていたというもの。ゴミだと思って直接ゴミ箱に入れず、観察してみるといろいろな発見があるかもしれません。

なんと！コムクドリの羽根が出てきた！

オオルリの羽根が出てきた！

シジュウカラの巣づくりはコケを敷き詰めるところから始まります。この巣箱もコケがたくさん使われていました。取り出してみると、産座には綿が多く使われていました。どこから持ってきたのか？ よく見ると孵化しなかった卵も見られます。一方で産座がお椀状ではなく押しつぶされてペッタンコ。これは雛が大きく育った証拠です。

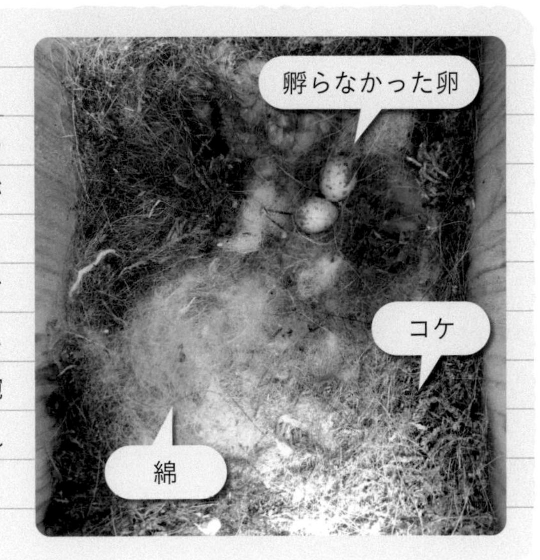

巣箱の掃除

巣箱はかけたら終わりというものではありません。利用された巣箱は、ダニなどのすみかになっている可能性がありますし、シジュウカラは巣材が残って湿気っていると、そこを利用しにくくなります。毎年子育てが終わったら、中身を捨てて掃除しましょう。

1 中身を取り出す

2 ブラシでこすりとる

3 水洗しながら、さらにブラッシング

4 きれいになったら…

5 天日干しにする

羽根を拾ってみよう

庭で鳥の羽根を見つけたらどうしますか？ そのまま捨ててしまうのはもったいない！ 羽根は鳥が落とした貴重な贈り物ですから、観察し、ぜひ収集してみてください。きっと魅力的なコレクションになると思います。

鳥の羽根は生え換わる

鳥の羽根は毎年、新しく生え換わります。スズメやハトくらいの大きさの鳥であれば、1年で全身の羽根が生え換わります。これを換羽（かんう）といいます。つまり、私たちの身のまわりのどこかに、必ず羽根が落ちているはずです。庭に鳥を招くようになれば、羽根を目にする機会も増えることでしょう。

羽根の基本構造

鳥の羽根を拾ってじっくり観察してみると、複雑な構造に驚かれると思います。羽は羽軸（うじく）、羽枝（うし）、小羽枝（しょううし）の３つの構造から成り立っていますが、このたった３つの構造でつくり出された羽根の構造美は素晴らしいものです。

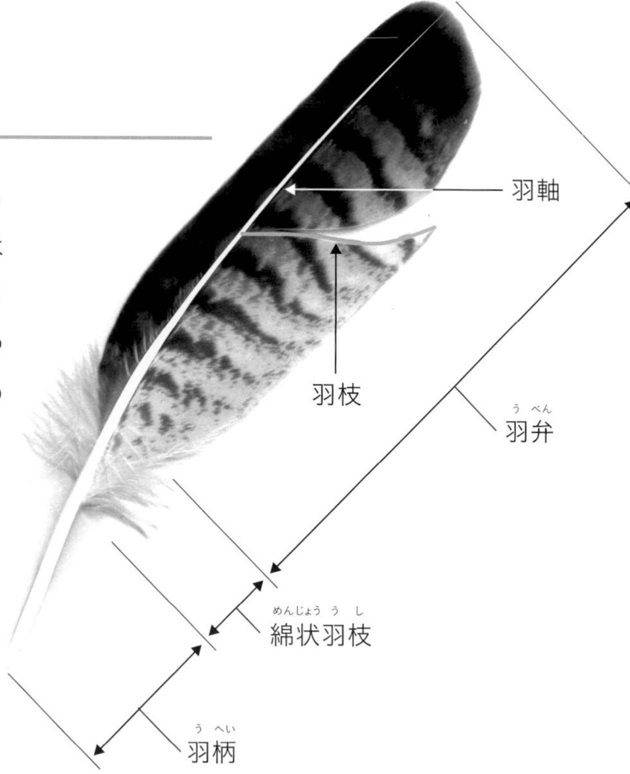

羽根を拾ったらまずは洗おう

STEP 1

まずは、ぬるま湯につけて中性洗剤で洗います。あまりゴシゴシこすらず、軽くさするように汚れを落としましょう。

→

STEP 2

次に、ゆすいで洗剤をしっかり落とし、キッチンタオルなどで水分をしっかり取り除きます。

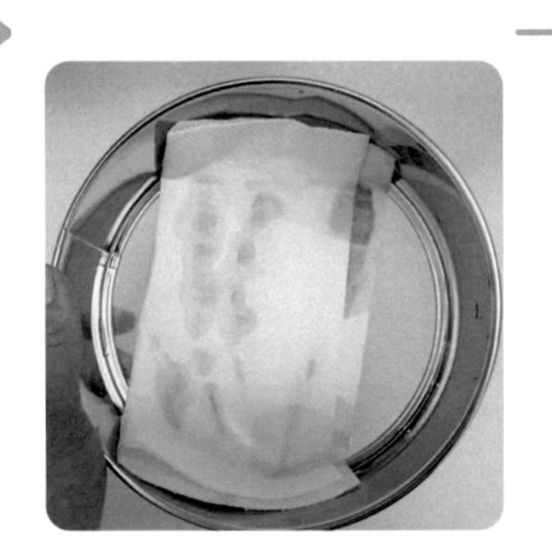

→

STEP 3

最後に、ドライヤーで乾かします。このとき、まだ少し湿っているくらいで止め、羽根を整えましょう。そうしないと変なくせがついてしまうことがあります。

羽根の保存方法

羽根の保存方法はいろいろですが、台紙に貼るか、チャック袋に入れて保存するのが簡単です。保存する際は、拾った日にちも記録しておくようにしましょう。たくさん集まってくると、いつ頃、どの部分が抜けるのかなど、新たな発見があるかもしれません。

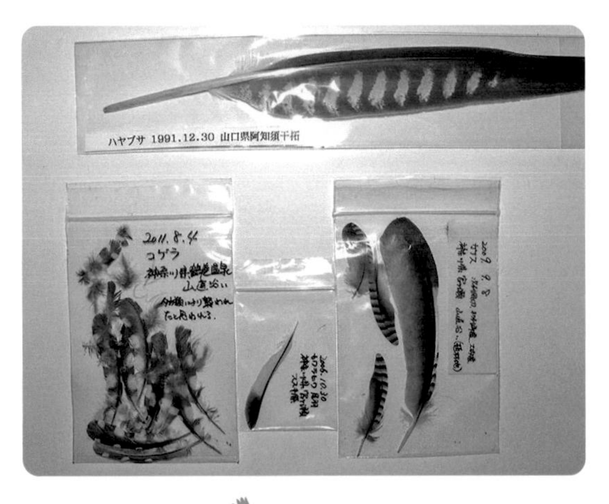

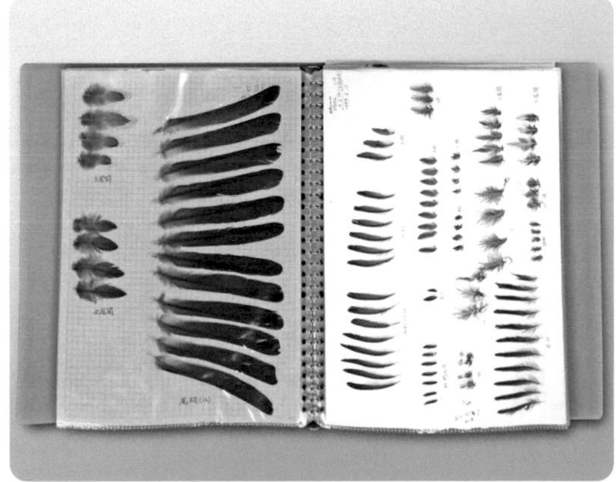

庭にくる鳥の羽根紹介　全て原寸大

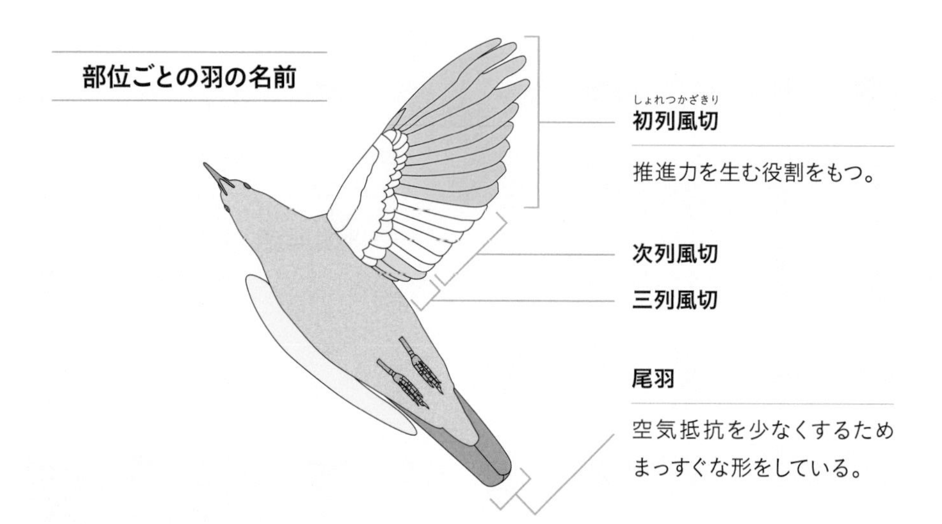
部位ごとの羽の名前
初列風切（しょれつかざきり）
推進力を生む役割をもつ。
次列風切
三列風切
尾羽
空気抵抗を少なくするため
まっすぐな形をしている。

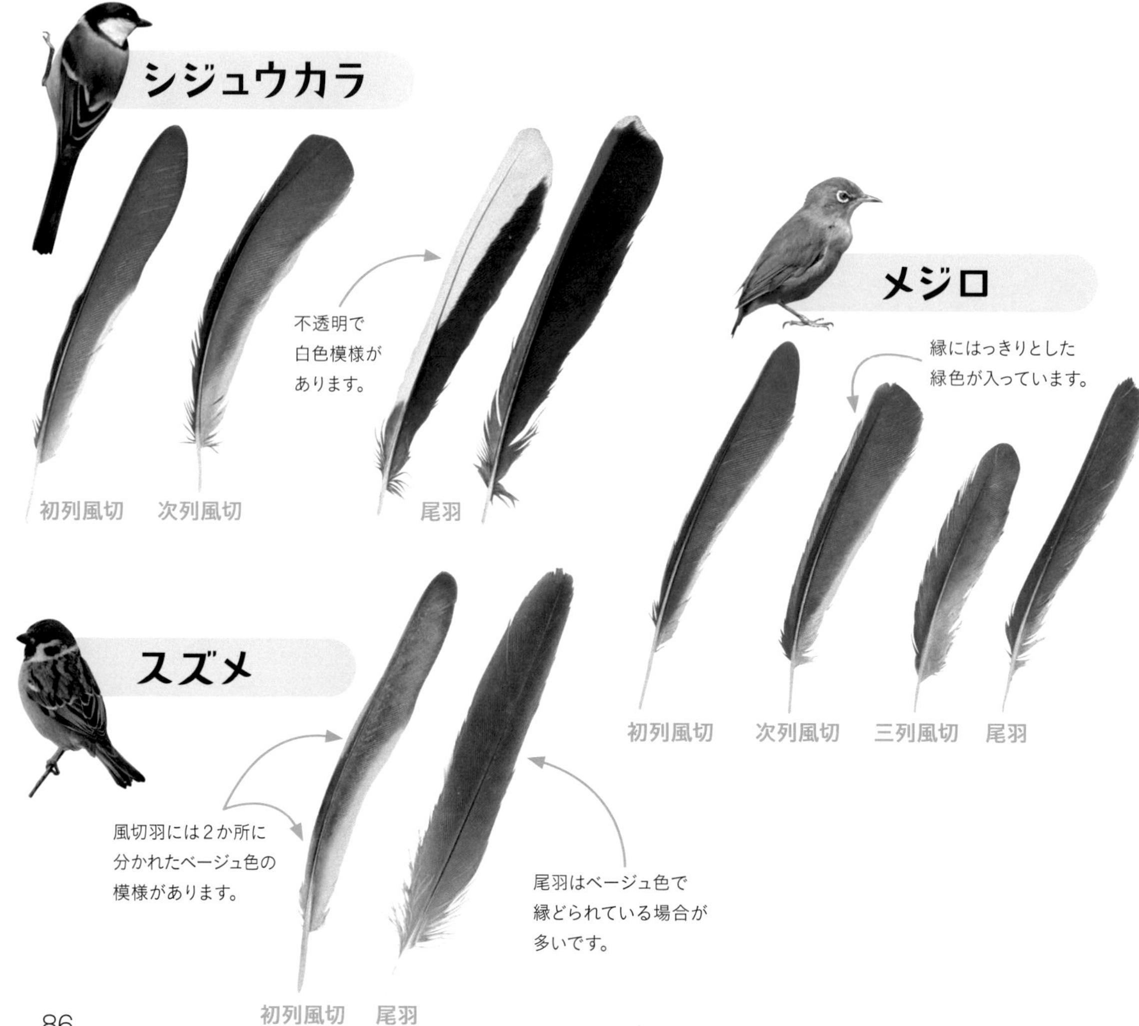
シジュウカラ
不透明で
白色模様が
あります。
初列風切
次列風切
尾羽
メジロ
縁にはっきりとした
緑色が入っています。
初列風切
次列風切
三列風切
尾羽
スズメ
風切羽には2か所に
分かれたベージュ色の
模様があります。
尾羽はベージュ色で
縁どられている場合が
多いです。
初列風切
尾羽

ヒヨドリ

茶色い羽根で特徴となる部分は少ないですが、まずは大きさが一つの目安になります。

内弁（羽軸を境に幅の広い側）のベージュ色が特徴的で、羽軸が基部付近まで黒ずんでいます。

初列風切　尾羽

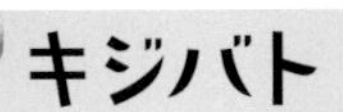

キジバト

不透明で大きな灰色の羽根であれば、ハトを疑ってみましょう。写真のように尾羽の先端が白ければ、キジバト。カワラバトは先端が灰色と黒色になります。

初列風切　尾羽

ムクドリ

羽弁と羽軸の基部側が顕著に白いことが特徴です。尾羽には先端の内弁側（羽軸を境に幅の広い側）に白色の模様があります。

初列風切　尾羽

初列風切　尾羽

オナガ

水色であることが特徴です。庭に来る鳥で水色の羽根をもつ鳥はほかにはいないので、水色であればオナガ確定です。

尾羽

カワラヒワ

黄色い模様が入っていたら、まずはカワラヒワかなと疑ってみましょう。庭に来る可能性のある鳥の中にはキレンジャクなどほかにも黄色い羽根をもつ鳥はいますが、黄色の模様が異なりますので、写真の模様と合致すればカワラヒワで間違いありません。

初列風切　次列風切　尾羽

初列風切　尾羽

コゲラ

小さい羽根で白い斑点がたくさん入っていたらコゲラの可能性が高いです。

わが家の バードライフ集

さて、ここからは
実際に鳥を招いている
お宅を紹介します。
みなさんの自宅バードライフの
お手本にしてみてください。

庭に作る鳥たちのオアシス！

東京都　Kさん宅

都内の住宅街、集合住宅の1階に広がる広々とした庭。当初は何もない芝生の庭だったそうですが、鳥たちや生き物が暮らす庭を目指して植栽し池を作ったそうです。近くには都市公園などの緑地が点在しており、いろいろな鳥たちがやってきます。

鳥たちは餌を食べたり、休憩したり、子育てまでします。まさに街中のオアシス！

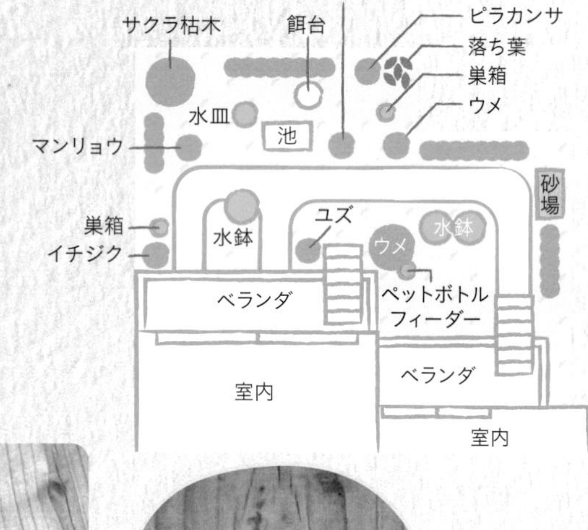

巣箱

毎年巣箱ではシジュウカラが子育てしています。

キジバトが
水飲みに来ています。
水場
水浴びする
メジロ。

庭の真ん中にケースを埋め込んだ簡易池があります。ほかにもいたる所に大小さまざまな水場を設置しており、鳥たちが十分に利用可能。一角に砂場を設けてスズメたちに砂浴び場も提供しています。

端に積んだ落ち葉には虫たちがすんでおり、ツグミが葉っぱを裏返しては獲物を探しています。

キツツキが利用することを見越し、
枯れ木をあえて残しています。

餌台、ペットボトル式フィーダーには、スズメやシジュウカラが餌を食べにやってきます。

鳥たちが利用する木も植えています。ピラカンサ、マンリョウ、イチジクの実をメジロやヒヨドリなどが食べにやってきます。メジロはウメの花蜜を吸いにもきます。おかげでいつもにぎやかです。

毎朝順番待ち！鳥たちに大人気の浴場

東京都　Sさん宅

丘の上にある住宅地。近くには雑木林もあって、さまざまな鳥がすんでいます。居間に面した庭に岩の水鉢を設置したところ、たちまち小鳥たちがやってくるようになりました。毎朝水浴びの順番待ちをしているのだとか。窓越しなら人がいても気にせず水場も餌台も利用しているようです。

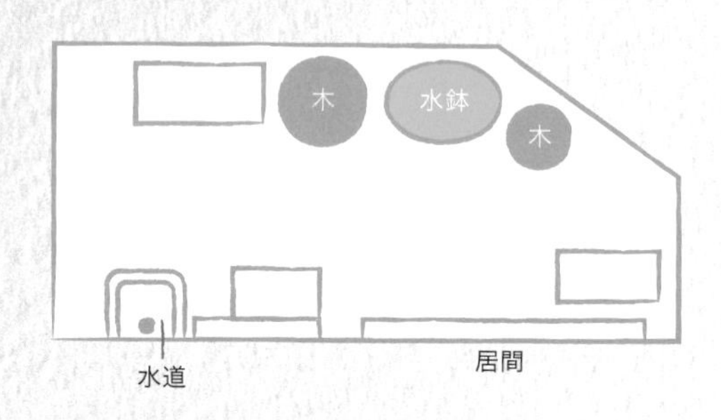

玄関にはバードフィーダー。餌はクルミなど殻のないものに限定しています。

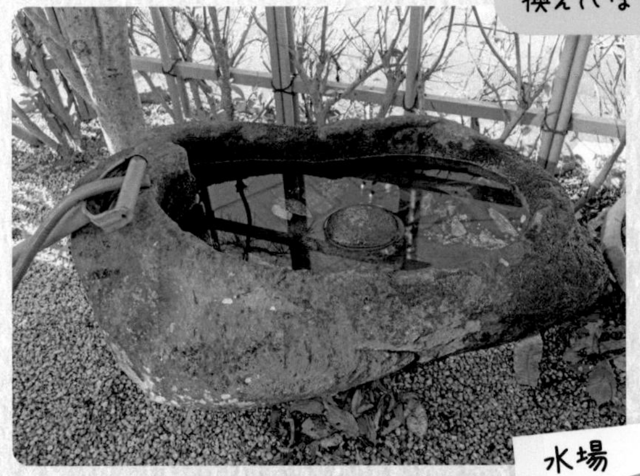

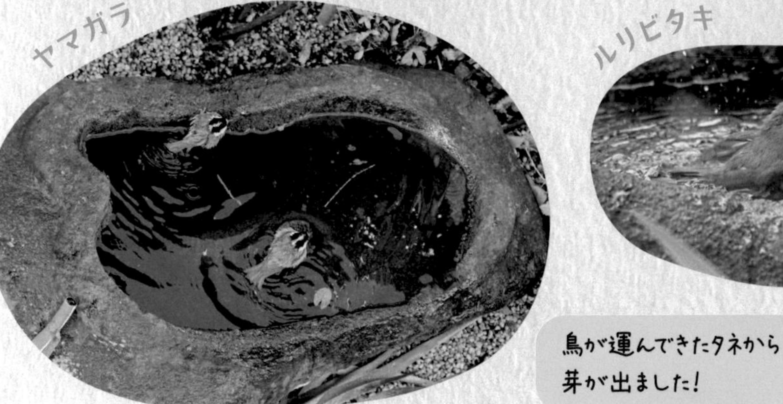

芽吹いた植物は
プランターに移し替えて
育てています。

鳥が運んできたタネから
芽が出ました!

水場の掃除をしていると野鳥たちがどこからともなく運んで来た植物のタネを見つけることもしばしば。気がつけば、自然と芽吹いていることもあり、生命のつながりを感じとることができます。

近くの緑地からいろいろな鳥たちがやってくるそうです。なんと夕方にフクロウが迷い込んだこともあるそうです！

自宅に作る鳥たちのサンクチュアリ

東京都　Kさん宅

鯉が泳ぐ大きな池はご主人自慢のお手製。一角に鳥が水浴びできるようなスペースも作っています。飼いネコに襲われないように鳥を呼ぶスペースは柵で囲われたサンクチュアリとなっており、鳥たちへの配慮は万全です。ウメ、サザンカ、ツバキはきれいな花を咲かせ、メジロやスズメがやってきます。いつも小鳥たちが飛び交いにぎやかな庭です。

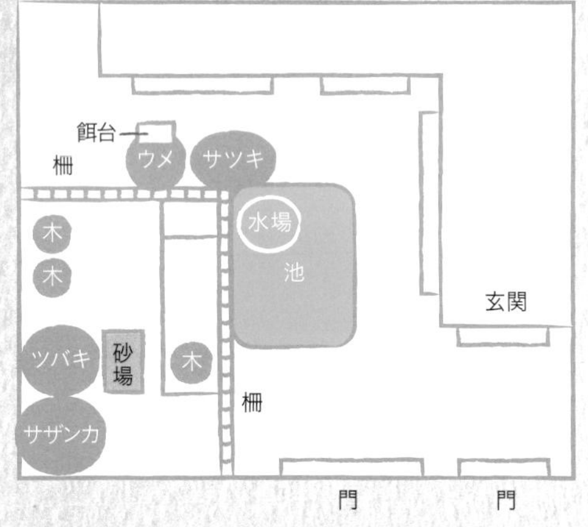

鳥たちが使うエリアは柵で囲って、飼い猫とすみ分けしています。

池の奥が鳥たちのために囲ったエリア。砂場、実のなる木、水場、バードフィーダーが設置されており、鳥たちも安心して過ごすことができます。冬季には、メジロやツグミがよく来るそうです。

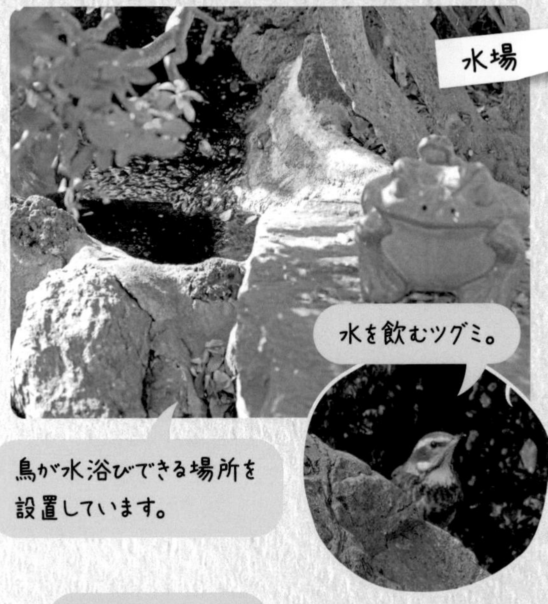

水場
水を飲むツグミ。
鳥が水浴びできる場所を
設置しています。

みかんを出すと

木に集まるスズメ。

ネコに入られない
柵の中にあるので、安心です。

ちょっとしたスペースも工夫次第

東京都　Oさん宅

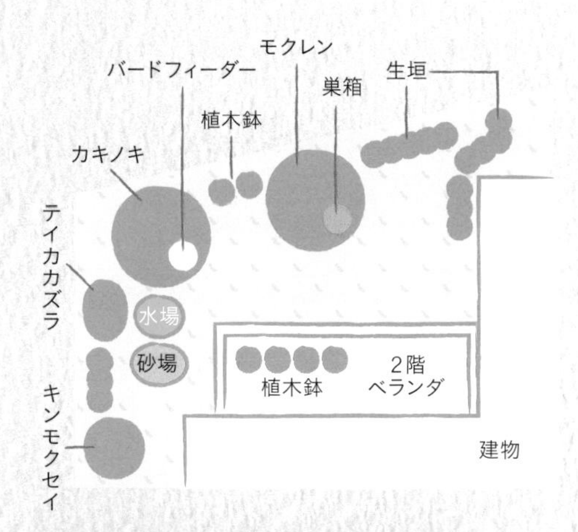

住宅街の中にある一軒家のお庭で、水場や餌台、砂場、巣箱を設置しています。これらは鳥を楽しむために設置しているものですが、ガーデニング的な観点も考えながら、見ていて楽しい庭作りを心掛けているそうです。

わが家は野鳥の来るカフェ

神奈川県　Aさん宅

鳥たちを眺めながら
コーヒーブレイク。
夫婦仲が深まるのは
メジロだけではないかも？

住宅街にある集合住宅の1階です。バルコニーがついていますが、そこにささやかな餌台と水場を設置しています。冬季には設置した果実を食べにメジロの夫婦がやってきます。

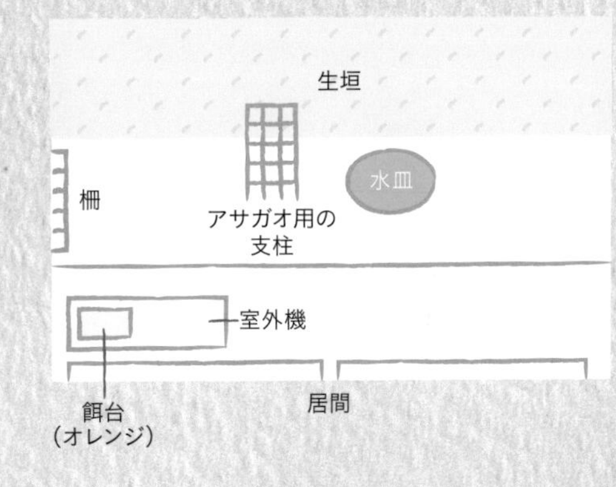

餌台
メジロは生涯
同じパートナーと過ごしますが、
仲睦まじい姿に癒されます。

まずはこの支柱に
とまってようすを見てから
餌台や水場に来る。

水浴びするメジロ。
水場

ヒメアマツバメも暮らす、都会のオアシス

駿河台緑地（三井住友海上火災保険株式会社）

すみついているヒメアマツバメは100羽以上。緑地が育む多様な虫が暮らしを支える　©佐藤信敏

東京の中心部、JR御茶ノ水駅からすぐのオフィスビルの一角に緑が広がる。1984年に造成され、2013年に改修された屋上庭園は、壁面緑化、周囲の街路樹とともに都会の緑のオアシスを形成し、駿河台緑地とよばれています。緑地にはさまざまな生き物が生息。設けた水場にさまざまな鳥がやってくるほか、24階建て地上100mのオフィスビルには、ヒメアマツバメがすんでいます。

高台から見下ろした駿河台緑地。皇居や上野公園など周囲の緑地間を野鳥が移動するときの中継地点の役割を担う

ヒメアマツバメ
全長 13cm
翼開長 28cm

©三井住友海上

三井住友海上の本社ビル。右の駿河台ビルにヒメアマツバメの巣がある

ビルによる上昇気流が
吹き上げる緑地の
多様な虫を捕食

毎月開催される探鳥会のときに
電池とメモリカードを交換

敷地内の５か所に水場が設けられ、トレイルカメラが備えつけられていて、水場にやってきた鳥を自動で撮影することができます。市街地のど真ん中なので、水場に来るのは街中でよく見かける鳥くらいだろうと思いきや、意外な鳥が記録されていて驚かされます(写真提供：三井住友海上)。

モズもやってくる。周辺の緑地にすむ個体かもしれません。

ヤマシギが都心の
市街地にいるとは驚きです。
Bushnell
CameraName

水場
シロハラ。冬鳥も利用します。
キビタキ。緑地が渡りの中継地として
貢献していることがわかります。

野鳥の楽園・バードピア

日本は人口密度の高い国で、人の生活空間と自然環境がすぐ近くにあります。また、豊かな自然環境は生活やレクリエーションの場としても利用されています。そんな日本で野鳥たちをまもっていくためにはどうすればよいでしょうか？

私は「共存」と「共生」が鍵になると思います。「共存」は同じ空間に存在することを許容すること、「共生」は、お互いが支え合うことを意味します。それが今後の自然保護には重要な考え方だと思います。

そこで、本書で紹介したいろいろな工夫を使ってみなさんのお庭やバルコニーを鳥たちにシェアしてみませんか？ 野鳥が利用してもいい、利用してほしいという気持ちが広がれば、私たちの生活空間が野鳥たちにとってもオアシスとなるにちがいありません。

日本鳥類保護連盟では、この気持ちの切り替えを啓発していくためにバードピアという活動を進めています。バード（鳥）とユートピア（楽園）を掛け合わせた言葉です。

自宅で楽しむバードライフは、共存と共生を実現する一つの答えだと思います。野鳥は私たちにとって身近な存在で、庭や街路樹、公園の緑地を利用しています。しかし、現状は部分的に利用しているだけであり、全面的に利用できているわけではありません。緑があっても、野鳥にとって食べ物が少なかったり、巣をつくりにくいということもあるでしょう。庭やバルコニーにある緑は小さな点かもしれませんが、活動の輪が広がれば、点はつながって線となり、線が連なって面となり、街路樹や公園の緑地と山地の緑地とをつなげる橋渡しをしながら、緑道が出来上がっていきます。そうすれば都市部の緑地は都市鳥だけではなく、山の鳥や渡り鳥などたくさんの野鳥たちが利用できる空間になるでしょう。みなさんが野鳥を庭に招き楽しむことは、野鳥と共生していくという大きな課題を解決することにつながります。

あなたの庭やバルコニーもバードピアに！

バードピア活動へのご協力、ご登録を希望される方は、
申請様式に必要事項を書き込んでお送りください。
登録申込書については、バードピアづくりが将来的にも進められるかどうかなど
記載内容の簡単な確認審査を行った後、登録証をお送りします。

- 登録料は1,500円
- 登録証、プレート、バードピアマニュアル（バードピアづくりに関する冊子）、日本鳥類保護連盟制作の野鳥シートをプレゼント
- 登録のメリットとして、餌台・餌を割引価格にて販売
- 登録後、疑問や困ったことがあるときはバードピアアドバイザーにご相談いただけます

バードピアの登録条件

- 登録希望者が、バードピアの対象となる場所を所有または使用・利用できること
- 登録した場所の環境をバードピアとして維持し、充実させていけること
- バードピアのルールを守れること

バードピアのルール

- 除草剤や防虫剤など、薬品の使用は極力ひかえます
- 野鳥だけでなく、バードピアに集まる生き物すべてを大切にします
- 植栽する場合は、できるかぎり在来の植物を選びます

| お問い合わせ・お申し込み |

公益財団法人 日本鳥類保護連盟　バードピア係

〒166-0012　東京都杉並区和田3-54-5 第10田中ビル３階

TEL：03-5378-5691　FAX：03-5378-5693

Email：birdpia@jspb.org　URL：https://www.jspb.org/birdpia

自宅バードライフに役立つ本

文一総合出版

鳴き声から調べる野鳥図鑑

松田道生(文・音声)
菅原貴徳(写真)　3,000円＋税

図鑑では鳴き声を写真とともに初心者にもわかりやすく紹介している。鳴き声にまつわるトリビアも楽しい。

文一総合出版

野鳥と木の実ハンドブック
増補改訂版

叶内拓哉（著）　1,400円＋税

鳥と鳥が食べる木の実の関係について特化しており、知りたいことを教えてくれる。庭作りでは参考になるおすすめの1冊。

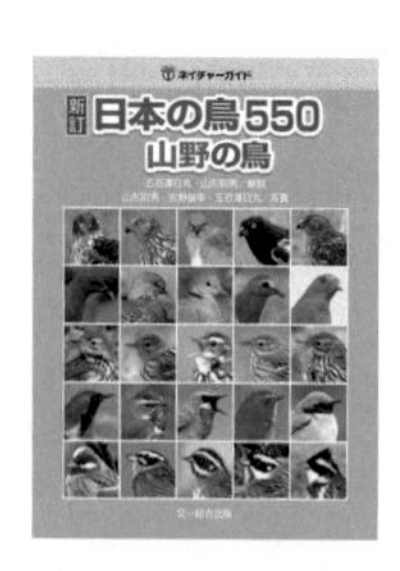

文一総合出版

新訂 日本の鳥550 山野の鳥

五百澤日丸・山形 則男(著・写真)
吉野 俊幸（写真)　3,700円＋税

必要な情報をしっかりとおさえ、1種につき写真も多く初心者にも楽しめる。「水辺の鳥」もあるが、庭で使うには「山野の鳥」だけでも十分。

文一総合出版

野鳥と木の実と庭づくり
(BIRDER SPECIAL)

叶内拓哉(著)　2,400円＋税

「野鳥と木の実ハンドブック」の拡大版。より大きな紙面で見たい方にはこちらがおすすめ。また、水場の例などハンドブックにはない情報も入っている。

成美堂出版

見つける見分ける鳥の本

秋山幸也(著)　950円＋税

バードウォッチャーの心をくすぐる鳥140種を掲載。初心者向けに生態からその鳥にまつわるトリビアまでわかりやすく解説している。

文一総合出版

昆虫と食草ハンドブック

森上信夫・林将之(著)
2,200円＋税

木を植えれば昆虫が集まり、鳥の餌となる。そこに一つの生態系ができる。誘蝶木など植えようとする木に来る昆虫のことを知ることができる本。

ナツメ社

探す、出あう、楽しむ
身近な野鳥の観察図鑑

髙野丈(著)
樋口広芳(監修)　1,500円＋税

身近な野鳥161種の生態を詳しく紹介したコンパクトサイズの図鑑。写真や漫画で鳥のトリビアも紹介しており、読み物としても楽しい。

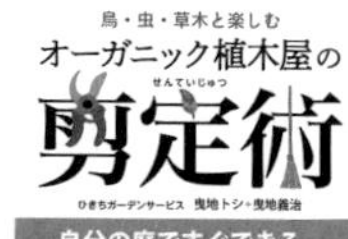

築地書館

鳥・虫・草木と楽しむ
オーガニック植木屋の剪定術

ひきちガーデンサービス
(曳地トシ・曳地義治)著　2,400円＋税

植樹につく昆虫とその対処法を教えてくれる。鳥を呼ぶための庭作りにも参考になる情報がたくさん盛り込まれている。

文一総合出版

羽根識別マニュアル
増補改訂版

藤井幹(著)　4,500円＋税

庭で羽根を拾ったとき、その持ち主を特定するならこの図鑑が便利。全315種の羽根を掲載しており、識別方法も充実している。

池田書店

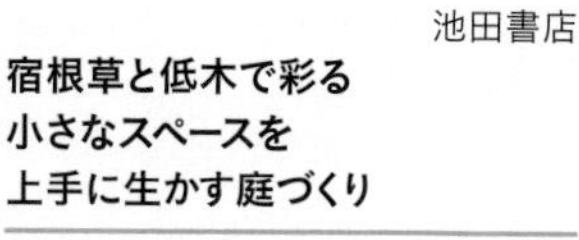

宿根草と低木で彩る
小さなスペースを
上手に生かす庭づくり

安藤洋子(監修)　1,400円＋税

庭の設計図を考えるときにとても参考になる。また、植え方や水のやり方など、とてもわかりやすく解説してあり、おすすめの1冊。

用語解説

亜種(あしゅ): 種として分けるほどの差はないが、地理的・遺伝的に隔離されていて、形態にちがいが見られる場合の分類。例えば、シマエナガはエナガの亜種にあたり、種としてはエナガである。

ウォーキング: 鳥が地上を移動する際に両足を交互に動かして歩く行動。

越冬(えっとう): 鳥では、その場所で冬季の間生活することを指す。

園芸種(えんげいしゅ): 園芸のために品種改良された植物。

外来種(がいらいしゅ): 人間活動によって別の地域から持ち込まれ野生化した生き物。外来種であるガビチョウやワカケホンセイインコは、ペットとして外国から日本国内に持ち込まれたものが野生化した。国内においても、もとの生息場所から別の場所に移動させられ、定着した生き物も外来種(国内外来種)として扱われる。

回廊(かいろう): もとは建造物の廊下のこと。緑地がつながっていて、生き物が行き交うことができる環境を指して「緑の回廊」などということもある。

寄生虫(きせいちゅう): 別の生き物の体の表面や内部で生活する生き物。マダニやケジラミなど。鳥にとりつく種類としては、ウモウダニなどがいる。

郷土種(きょうどしゅ): その地域に自然に自生している植物。

雑食性(ざっしょくせい): 動物食、植物食に対して、動物質も植物質も食べるという生き物の特性。例えば、ヒヨドリは昆虫類(動物質)も木の実(植物質)も食べるので雑食性である。

樹洞(じゅどう): 木の幹にあいている穴。枝が出ていた節の部分が朽ちて穴になったり、キツツキ類が巣穴を掘ったりすることでできる。

繁殖(はんしょく): 動物が次の世代を残すための一連の行動。

ホッピング: 鳥が地上を移動する際に、両足で跳躍して跳ねる行動。

なわばり: 動物の生息地のなかで競争相手を寄せつけない範囲のこと。ほかの個体を侵入させないように防衛することで、資源や配偶相手をとられないようにする。

食草・食樹(しょくそう・しょくじゅ): ある昆虫が専門的に食べる草や樹木のこと。

剪定(せんてい): 樹木の余分な枝葉を切ること。

都市鳥(としちょう): 都市部に適応して生活している鳥たちのこと。

鳥類相(ちょうるいそう): ある地域において、どんな鳥類が生息しているかを示したもの。

常緑樹(じょうりょくじゅ): 一年中、葉のある木。4〜6月頃に一部の葉は落ちるが、落葉樹のように完全に葉のない状態にはならない。ツバキやクスノキなど広い葉をもつものは常緑広葉樹、マツやイチイなど細長い葉をもつものは常緑針葉樹という。

落葉広葉樹(らくようこうようじゅ): 冬になると葉を落とす樹木。カエデ類やサクラ類など。

実生(みしょう): 種子から芽ぶいたばかりの樹木の若木のこと。

羽づくろい(はづくろい): 乱れた羽を直したり、寄生虫を除去したりするためにくちばしで羽を整える行動。

著者

藤井 幹　ふじい・たかし

1970年、広島県生まれ。(公財)日本鳥類保護連盟の調査研究室室長として、奄美大島の希少鳥類の調査やワカケホンセイインコの分布状況調査、コアジサシの研究などをおこなう。著書に『BIRDER SPECIAL　羽根識別マニュアル増補改訂版』(文一総合出版)、『動物遺物学の世界にようこそ！〜獣毛・羽根・鳥骨編〜』(共著, 里の生き物研究会)、『世界の美しき鳥の羽根　鳥たちが成し遂げてきた進化が見える』、『野鳥が集まる庭をつくろう―お家でバードウオッチング(共著)』、『野鳥観察を楽しむフィールドワーク』(誠文堂新光社)。

協力・資料提供(敬称略、五十音順)

青木雄司、秋山幸也、岡安栄作、川上智枝、小坂孝彦、小坂由起子、小宮輝之、佐藤信敏、重岡昌子、鈴木佳子、須藤哲平、髙野丈、高橋孝洋、長久保梓、長久保碧、葉山嘉一、藤井佳代、松永聡美、三上修、村井友梨子、山口真幸、NPO法人フィールドエッグ、公益財団法人日本鳥類保護連盟、公益財団法人堀内浩庵会、サントリー登美の丘ワイナリー、サントリーホールディングス株式会社、自然観察施設・くずはの家、三井住友海上火災保険株式会社

イラスト | 富樫菜月、トガシユウスケ

参考図書
藤本和典(2009年)『新庭に鳥を呼ぶ本』文一総合出版
ひきちガーデンサービス(2019年)『鳥・虫・草木と楽しむオーガニック植木屋の剪定術』築地書館
叶内拓哉(2021年)『野鳥と木の実ハンドブック 増補改訂版』文一総合出版
森上信夫・林将之(2007年)『昆虫の食草・食樹ハンドブック』文一総合出版

デザイン | トガシユウスケ

BIRDER SPECIAL
自宅で楽しむバードライフ

2024年5月10日　初版第1刷 発行

著 | 藤井 幹(ふじい たかし)
発行者 | 斉藤 博
発行所 | 株式会社 文一総合出版
〒162-0812　東京都新宿区西五軒町2-5
TEL：03-3235-7341　FAX：03-3269-1402
URL：https://www.bun-ichi.co.jp
振替：00120-5-42149
印刷 | 奥村印刷株式会社

ISBN978-4-8299-7515-2
NDC488　182×257mm　104P
乱丁・落丁本はお取り替えいたします。